업무 자동화
RPA 첫걸음 프로젝트

한익섭 · 전원구 공저

光文閣
www.kwangmoonkag.co.kr

로보틱 처리 자동화 RPA(Robotic Process Automation)는 사람이 컴퓨터로 하는 반복적인 업무를 로봇 소프트웨어를 통해 자동화하는 기술이다. RPA(Robotic Process Automation)와 함께 보다 효율적으로, 보다 창의적으로 일을 할 수 있다.

RPA는 기업용 소프트웨어 프로그램으로 우리나라에 2017년부터 도입되기 시작하였다. 단순 반복 작업에 소요되는 시간과 비용을 줄일 수 있다는 점 때문에 시장에 소개되자마자 기업들이 많은 관심을 보였다. 초기에는 직원들의 업무를 로봇에 뺏기지 않을까 하는 우려가 있었으나 시스템 도입 후 업무 자동화되면서 직원들이 효율적으로 보다 창의적인 업무를 할 수 있는 점들이 증명되자 도입 성과에 만족도가 향상되고, 인력에 대한 비용을 절감할 수 있었다. 생산성 향상과 비용 절감 그리고 직원들의 업무 만족도를 높여 준다는 점 때문에 많은 기업이 도입을 추진하고 있다.

이 책은 국내 RPA 시장에서 가장 선두 주자인 그리드원의 ezbot 기반 RPA를 활용할 수 있는 입문자를 위한 실습서이다. 실습 중심의 교재로서 기본 기능을 따라 하면서 기본기를 익히고, 이후 다양한 프로세스 기반으로 업무 자동화를 연계할 수 있다.

많은 협조를 해 주신 그리드원 대표님께 감사의 말씀을 전하며, 앞으로 많은 RPA 시장에서 필요한 인력에 도움이 되기를 바란다.

저자 일동

RPA

Robotic Process Automation

CHAPTER **1**

RPA란?

CHAPTER 01
Robotic Process Automation
RPA란?

1.1 RPA 탄생

본 교재에서 사용되는 RPA(Robotic Process Automation)는 제4차 산업혁명의 도래와 함께 기업의 인적자원을 효율적으로 활용하고, 이를 통한 생산성 향상을 위해 IT 기술을 활용한 다양한 솔루션 중 하나이다. 사람의 인지적 업무 활동 외에 단순한 반복 업무를 소프트웨어 로봇을 통해 자동화하는 RPA의 도입은 업무 성과 증진과 고객 서비스 향상을 달성할 수 있도록 지원하고 있다.

기존 업무에서 작업자가 직접 프로세스의 변화가 없는 반복적인 업무와 인지적 능력을 요구하는 전문적 업무 활동을 모두 처리해야 했고, 반복적인 업무를 처리하는 과정에서 예상치 못한 상황, 오류로 인해 발생하는 작은 실수들이 업무에 지장을 주는 경우가 발생하였다.

위 사항들을 예방하고 업무 효율성을 증가시키기 위하여 많은 기업이 RPA를 도입하였다.

RPA 도입 이후 업무를 수행하던 작업자는 더 이상 반복적인 업무를 수행할 필요가 없고, 반복적인 업무를 수행하는 사용 시간을 인지적 능력을 요구하는 업무에 더 투자할 수 있게 되었으며, 작업자들이 반복적인 일을 수행하면서 발생하는 문제들을 로봇 프로세스 자동화 도입으로 해결되면서 RPA 도입 이후 다양한 긍정적 효과가 발생하였다.

최근 도입되고 있는 시장은 금융권에서 시작하면서 일반 대기업까지 분야가 다양하게 확산되고 있는 추세이다.

비용절감
반복 업무에 투입되는 비용의
30~50%를 줄일 수 있습니다.

생산성 향상
기존 업무를 오류없이 2배~5배
빠르게 처리할 수 있습니다.

자원 효율성
소프트웨어 로봇으로 24시간
업무를 할 수 있습니다.

▨ Robotic Process Automation

　단순하고 반복적인 일을 빠르게 처리하여 결과를 전달해 주는 솔루션 프로그램으로, 사람이 직접 단순한 작업을 수행할 필요가 없어지기 때문에 RPA가 단순한 작업을 수행하는 동안 더 중요한 일에 시간을 투자하고 RPA가 작업한 결과를 검토, 확인 또는 검수만 해주면 된다.

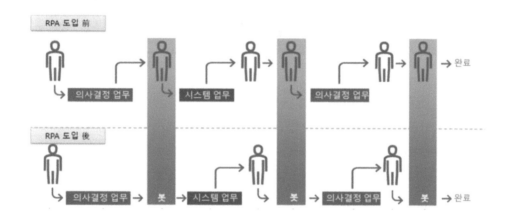

　위 그림과 같이 RPA를 도입하지 않았을 때 사람이 수행하였던 의사·결정 업무 외 단순 반복 업무들을 소프트웨어 로봇을 통해 자동화함으로써 업무를 수행하는 사람은 RPA를 통해 수행되는 업무의 결과를 확인하고 의사 결정 업무에 집중함으로써 작업 효율이 상승하게 된다. 결과적으로 업무를 수행하는 직원은 자신의 역량 강화와 업무 전문성 향상으로 이어지며, 기업 입장에서 각 직원들의 업무 역량 상승과 효율적인 인적자원 배치를 통해 기업 전체의 업무 효율성 증가 효과를 기대할 수 있다.

본 교재는 국내 기업 그리드원이 개발한 AutomateOne의 실습서이며, 그리드원 홈페이지(http://www.gridone.co.kr)[1]에서 무료 버전을 신청하여 메일 인증을 거친 후 사용할 수 있다.

1.2 ezbot의 주요 기능

▨ 자동 스크립트 생성 기능

• 사용자의 시나리오를 자동으로 레코딩하여 스크립트를 생성하는 기능
• 로그 데이터로부터 데이터 풀 사용 및 데이터 치환 기능
• 스크립트의 변경 데이터[예) 로그인, 패스워드 등]를 자동으로 치환하는 기능

▨ 다양한 레코딩 방식

• 윈도우 표준 컨트롤 및 커스텀 컨트롤 인식 방식
• 이미지 패턴 매칭 방식에 의한 개체 인식 방법 사용
• 애플리케이션 화면의 변경에도 기존의 스크립트 재사용 가능
• 좌표 인식, 객체 인식 방법을 통한 스크립트 생성 및 수행

---

1) 2023년 07월 기준 AutomateOne 체험판의 경우 30일 동안만 유지되고 있으며 추후 그리드원의 정책에 따라 체험판 사용 기간에 변동이 있을 수 있으니 주의하여야 한다.

■ 다양한 실행(Run) 방식

• OCR 방식에 의한 문자 개체 인식 방법 사용

• 검증 포인트 및 대응 기능 제공

  – 속성 및 데이터(화면 출력) 값

  – 이미지 등을 캡처, 값의 비교 및 정규 표현식을 통한 대응

■ 애플리케이션 화면의 변경에도 기존의 스크립트 재사용 가능

• 조건 및 반복 기능 제공

• RPA 실행 모니터에 의한 다양한 내용 제공

  – 애플리케이션 시작, 검증 포인트, 객체 인식 문제, 실행 시간, 실패, 경고, 차이점 등

■ 다양한 RPA 환경 지원

• 플랫폼 지원: Windows

• 웹, Java, .Net, Win32, VB, Ajax, Flex, Xena, X-platform 등

■ 확장 기능

• Plug-in 제공

• C# 언어를 통한 스크립트 확장

RPA 업무 초보자는 복잡한 작업을 단순화할 수 있고, 전문가는 C#, VB.NET 등 자신이 원하는 스크립트를 사용하여 추가 커스터마이징이 가능함으로써 고객이 원하는 RPA를 손쉽고 빠르게 구성하여 수행할 수 있다.

1.3 업무 자동화 절차

성공적인 업무 자동화를 위해서는 업무 자동화의 목표를 명확히 세우고, 이에 따른 테스트 케이스를 확인하는 등 자동화 준비 단계를 마치고 업무 자동화를 적용해야 한다. 자동화 준비 단계를 소홀히 하면 업무 자동화 목표에 일치하는 결과를 얻

을 수 없다.

업무 자동화는 **자동화 준비 단계, 자동화 실행 단계** 그리고 **수행 결과 분석 단계**의 3단계로 진행된다.

첫째, 자동화 준비 단계에서는 업무 자동화의 목표를 설정하고, 전반적인 시스템 분석 및 업무 흐름을 파악하여 실제 업무 자동화를 할 대상 업무를 선정한 후, 자동화 시나리오를 작성한다. 자동화 시나리오 작성 완료 후, 스크립트를 작성하여 시나리오에 적용할 테스트 데이터를 가지고 스크립트 실행 테스트를 한다.

둘째, 자동화 실행 단계는 실제 업무 시스템에서 업무 자동화를 수행하는 단계로서 자동화 준비 단계에서 작성한 시험 스크립트를 기반으로 업무 자동화를 수행한다. 시스템 환경, 자동화 시나리오 등을 조정하여, 변경된 환경 및 시나리오를 적용하여 반복적인 테스트를 수행하면서 업무 자동화 목표에 도달할 수 있도록 한다.

셋째, 결과 분석 단계에서는 업무 자동화 결과 자료를 토대로 업무 자동화 성과와 결함 보고서를 작성한다. 필요시 업무 흐름 등을 수정하여 반복 시험할 수 있도록 한다.

단계	세부 내역	비고
자동화 준비	시험 목표 설정 시스템 분석 및 업무 Flow 확인 자동화 대상 업무 선정 자동화 시나리오 작성 시험 데이터 확인 자동화 스크립트 작성 및 확인 실행 환경 구축 및 모니터링	스크립트 작성 시나리오 설정 실행 환경 설정
자동화 실행	업무 자동화 진행 시스템 환경 변수 설정 변경 필요시 자동화 시나리오 변경 변경된 시나리오 및 설정에 자동화 진행	자동화 수행
결과 분석	자동화 목표 달성 여부 분석 자동화 결과 자료 수집 자동화 결과 분석 성공/실패 분석 오류 분석	결과 자료 수집 결과 분석

1.4 프로그램 구동 및 환경 설정

 업무 자동화의 수요가 다양해지고 증가함에 따라 최소한의 스크립트 작성으로 사용자의 요구를 수용할 수 있어야 한다. ezbot은 이미지 매칭 기반의 스크립트 작성뿐만 아니라, 오브젝트 기반의 스크립트를 작성하여 사용자의 다양한 요구를 만족시킬 수 있다. 또한, 버튼, 이미지, 테마 등이 변경되더라도 정확하고 빠르게 대상을 인식하여 요구된 동작이 수행될 수 있도록 스크립트를 작성할 수 있는 지능화된 솔루션이다.

■ AutomateOne 2.0 ezbot 환경 구성
 - ezbot은 실행 대상 터미널(데스크톱)에 설치되어 사용되며, 연결된 모니터의 수(단일 모니터 또는 이중 모니터)에 따라 ezbot의 실행 방법에 차이가 있다.
 - 단일 모니터는 실행 화면과 작업 화면이 단일 모니터에 표시되며 해당 화면에 스크립트가 생성된다.
 - 듀얼 모니터의 경우 주 모니터에서 스크립트를 실행하고 보조 모니터에서 프로그램을 이용하여 스크립트를 작성할 수 있어 단일 모니터보다 효율적으로 실행할 수 있다.

■ AutomateOne 2.0 ezbot 모니터 구성
 - 단말에 연결된 모니터가 하나일 때(싱글 모니터)와 두 개일 때(듀얼 모니터, 주 화면+보조 화면) ezbot의 실행 방법이 다르다.
 - 연결된 모니터가 하나인 경우, ezbot 작업 화면과 스크립트 메인(작성 창)이 하나의 모니터에 표현되고 모니터 화면을 작업 대상으로 스크립트를 작성한다.
 - 연결된 모니터가 두 개인 경우(듀얼 모니터) 주 모니터가 작업 대상이 되며, 보조 모니터에 ezbot를 띄워 놓고 사용한다. 스크립트 실행 과정을 지켜보고 스크립트를 수정하기 용이하며, 효율적으로 스크립트를 작성할 수 있다.

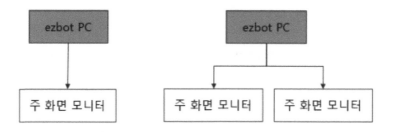

■ AutomateOne 2.0 ezbot 프로그램 경로

– 프로그램을 설치 시 설치 경로를 지정하면 해당 폴더 하위에 프로그램이 설치된다.

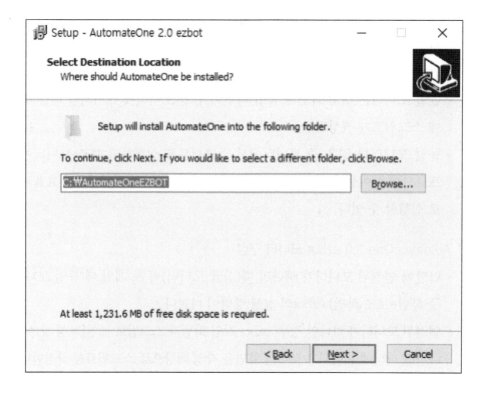

지정한 경로가 %AutomateOneEZBotRootDir% 환경 변수에 저장된다. 설치 경로를 기본값으로 설치하면 C:\AutomateOneEZBOTEZBOT 폴더 내의 프로그램에 필요한 파일들이 설치된다.

- AutomateOne.exe 파일 경로
  - %AutomateOneEZBotRootDir%₩Controller₩Program 폴더 내에 프로그램
    이 설치된다.
  - %AutomateOneEZBotRootDir%: 프로그램 설치 시 설정되는 환경 변수로
    프로그램이 설치되는 폴더이다.
  - 기본 설정으로 설치 시 %AutomateOneEZBotRootDir% 환경 변수의 값은
    C:₩AutomateOneEZBOT 이다.
  - 기본 설정으로 설치 시 다음 경로에 AutomateOne.exe 파일이 있다.
    · C:₩AutomateOneEZBOT₩Controller₩Program
  - 프로그램 설치 시 설치 경로를 사용자가 지정하여
    %AutomateOneEZBotRootDir%의 값이 다른 경로인 경우
    · 예) %AutomateOneEZBotRootDir% 환경 변숫값이 E:₩AutomateOne인 경우
    · E:₩AutomateOne₩Controller₩Program 폴더에 AutomateOne.exe이 있다.

■ AutomateOne 2.0 ezbot 라이센스

- 이메일 인증: 그리드원 홈페이지에서 체험판 신청 양식 작성 시 인증한 메일의
  메일 주소를 입력하여 라이선스를 인증한다. 체험판의 경우 한 달 동안 사용할
  수 있다.
- 로컬 파일 인증: 그리드원에서 발급한 라이선스 파일로 인증하는 방법이다.
  - 예) 라이선스 파일이 없는 경우, 라이선스 기한이 만료된 경우, 라이선스 종
    류가 맞지 않는 경우 등에 프로그램 실행 시 다음과 같은 안내 팝업이 나온다.

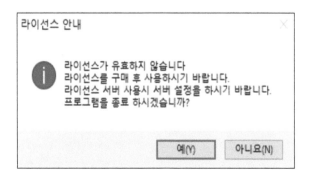

Robotic Process Automation

CHAPTER 2

스크립트 실행

CHAPTER 02

Robotic Process Automation

스크립트 실행

2.1 ezbot 실행 화면

아래 그림과 같이 AutomateOne 2.0 ezbot은 스크립트 작성 및 스크립트 실행을 하는 프로그램이다. ezbot은 Toolbar와 스크립트 메인 화면으로 구성된다.

Toolbar는 작업 화면의 마우스 클릭 이벤트, 이미지 비교, 콤보박스 선택 등 키보드나 마우스 이벤트를 스크립트 명령어로 생성해 주는 도구이다. 작성 모드 전환, 오브젝트 2 명령어 생성 등의 기능을 제공한다.

스크립트 메인 화면에서 메뉴를 이용하여 RPA 스크립트를 생성할 수 있다. Toolbar를 이용한 명령어 생성 시 명령어 노드가 메인 창에 추가된다. 메인 화면에서 각 명령어의 속성 편집, 스크립트 실행, 로그 분석, 상세 결과 보기 등 스크립트를 전반적으로 관리할 수 있다.

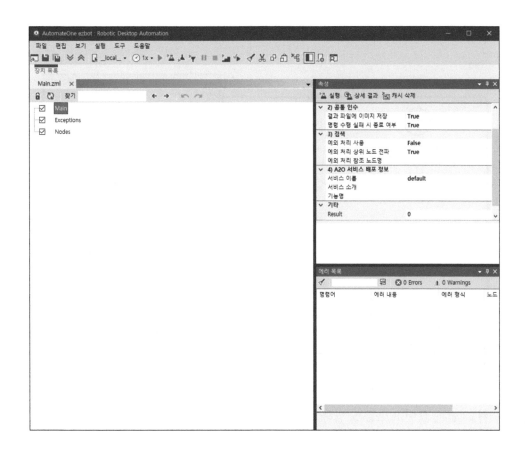

2.1.1 메인 화면 구성

ezbot을 실행하면 장치 목록에서 연결할 수 있는 장치를 확인할 수 있다. 장치 목록에 "__local__"만 있는 경우는 자동으로 Local Desktop에 접속된다.

도움말 〉 설정 〉 데스크톱 〉 게이트웨이 목록의 장치 목록에서 장치 검색란에 연결할 장치의 주소와 포트를 입력한 후 조회 버튼을 누르면 해당 장치를 연결할 수 있다.

위 그림과 같이 RPA를 도입하지 않았을 때 사람이 수행하였던 의사 결정 업무 외 단순 반복 업무들을 소프트웨어 로봇을 통해 자동화함으로써 업무를 수행하는 사람은 RPA를 통해 수행되는 업무의 결과를 확인하고 의사 결정 업무에 집중함으로 작업 효율이 상승하게 된다. 결과적으로 업무를 수행하는 직원은 자신의 역량 강화와 업무 전문성 향상으로 이어지며, 기업 입장에서 각 직원의 업무 역량 상승과 효율적인 인적자원 배치를 통해 기업 전체의 업무 효율성 증가 효과를 기대할 수 있다.

① 선언한 명령어를 확인할 수 있는 스크립트 개발 부분이다. 주로 사용, 확인하게 될 부분이다.

② 선택한 명령어의 속성을 확인할 수 있는 속성 부분이다. 명령어별로 속성값이 다르기 때문에 자주 확인해 주어야 한다.

③ 실행 후 결과를 확인할 수 있는 변수 부분이다. 하단 트리노드, 변수, 테이블, 로그의 각 결과를 확인할 수 있으며, 스크립트 실행 후 오류가 발생하였다면 로그 부분에서 확인할 수 있다.

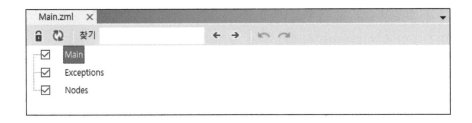

각 모드에서 명령어를 생성하면, 명령어들이 순서대로 추가된다. 현재 편집 중인 스크립트 내용이 표시되고, 스크립트를 편집할 수 있다.

새 스크립트를 만들면 기본적으로 Main, Exeptions, Nodes 노드가 있다. 각 모드에서 생성한 명령어들은 Main 노드 하위에 추가되고, Exeptions, Nodes 노드 하위에 있는 노드들은 필요에 의해 호출하여 사용한다. 전체 스크립트를 실행하면 Main 하위에 있는 명령어들이 실행된다.

Exeptions 하위에는 예외 처리를 위한 노드를 추가하고, Nodes 노드에는 자주 사용되는 로직을 저장한다.

탭 제목에 스크립트 명이 표시된다. 변수 창의 Script.Name 변수에서 스크립트 경로를 확인할 수 있다

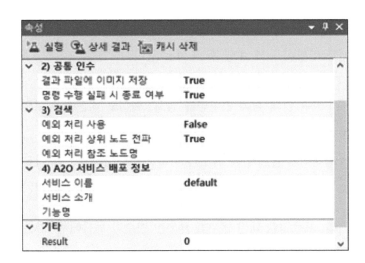

선택한 명령어 노드의 속성을 보여 주는 창이다. 속성 창에서 명령어 노드별로 속성을 설정할 수 있다. 명령어마다 속성 항목에 차이가 있다.

속성 편집 등을 위해 속성 창이 선택되면, 속성 타이틀 바가 노란색으로 변한다. (선택 전: 남색)

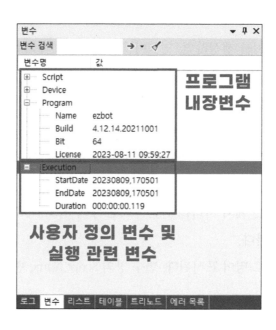

ezbot에서 기본 제공되는 변수와 사용자가 생성한 변수가 표시된다. 사용자가 생성한 변수는 해당 명령어 노드 실행 후 표시된다.

- 변수 검색: 변수 검색 창에 변수명을 넣고, 화살표 버튼을 누르면 해당 변수가 파란색 음영으로 표시된다.
  • 다음 찾기: 검색어가 들어 있는 변수가 여러 개인 경우, 검색 후 다음 변수로 이동
  • 이전 찾기: 검색어가 들어 있는 변수가 여러 개인 경우, 검색 후 이전 변수로 이동

- 변수 초기화: 프로그램 내장 변수를 제외한 변수가 목록에서 삭제된다.

- 프로그램 내장 변수
  • Device: ezbot이 설치된 PC의 정보 제공
  • Program: ezbot 프로그램 정보

- Name: 프로그램명 (예: ezbot, ezbot 등)

- Build: 프로그램 빌드 버전

- Bit: 프로그램 비트 수

- License: 프로그램 라이선스 만료일

• Script: 스크립트 저장 정보

- Name: 스크립트 저장 경로

■ 사용자 정의 변수

• Set 명령어로 사용자가 정의한 변수

• Set 명령어 노드를 실행하면 변수 창에 변수명과 값이 표시된다.

■ 실행 관련 변수 명령어 노드를 실행하면 변수 창에 변수명과 값이 표시된다.

• Execution

- StartDate: 실행 시작 시각

- EndDate: 실행 완료 시각

- Duration: 총 실행 시간

- Step 실행한 명령어 노드 개수

- MatchCount: 이미지 매치를 사용한 명령어 노드 실행 시 이미지 매치 성공 횟수

• LastResult

- Code

· 0: 마지막 실행 명령어 노드 성공

· −1: 마지막 실행 명령어 노드 실패

- Msg: Code가 −1인 경우, 명령어 노드 실패 원인

- MatchScore: 이미지 매치를 사용한 명령어 노드 실행 시 이미지 매치율

· 이미지 매치율이 설정한 값 이상일 때 명령어 노드 실행 성공

· 이미지 매치율 기본값: 0.75

- X: 이미지 매치를 사용한 명령어 노드 실행 성공 시 해당 이미지의 X 좌표

- Y: 이미지 매치를 사용한 명령어 노드 실행 성공 시 해당 이미지의 Y 좌표

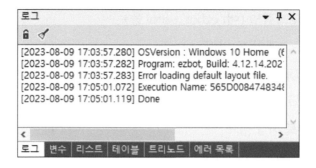

스크립트 실행 로그를 보여 주는 창이다. 로그 창을 보고 스크립트 실패 원인을 분석할 수 있다.

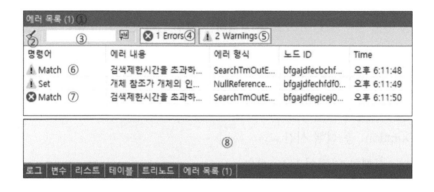

■ 에러 목록 기능

① 괄호 안에 오류 또는 경고 횟수를 표시한다.

② 에러 목록을 수동으로 삭제한다. (스크립트 실행 시 자동 삭제)

③ 에러 목록에서 입력한 문자열을 포함한 목록만 필터링하여 보여 준다.
(스크립트 실행 중에는 해당 기능이 동작하지 않는다.)

④ Error 개수를 표시한다. 버튼을 클릭하여 Error 목록을 숨길 수 있다.
(목록 On/Off 기능)

⑤ Warning 개수를 표시한다. 버튼을 클릭하여 Warning 목록을 숨길 수 있다.
(목록 On/Off 기능)

⑥ Warining(오류) 메시지는 ⚠로 표시된다. 명령 수행 실패 시 종료 여부 속성값을 False로 설정한 명령어 노드의 실행 결과가 fail인 경우에 메시지를 출력한다.

⑦ Error(경고) 메시지는 ⊗로 표시된다. 명령 수행 실패 시 종료 여부 속성값을 True로 설정한 명령어 노드의 실행 결과가 fail인 경우에 메시지를 출력한다.

⑧ 선택한 에러의 상세를 보여 준다.

2.1.2 도구 구성

단축 아이콘은 아래와 같이 구성되어 있으며, 보이는 순서에 따라 각각의 기능은 다음과 같다.

스크립트 불러오기(Ctrl+O), 스크립트 저장(Ctrl+S), 다른 이름으로 저장, 장치 화면 숨기기, 장치 화면 보이기, 연결된 장치 정보, 스크립트 실행 속도, 전체 스크립트 실행, 현재 노드 실행, 스크립트 여기까지 실행, 스크립트 여기부터 실행, 일시중지, 실행 중지, 한 단계씩 실행, 기록할 때 실행, 스크립트 초기화, 자르기, 복사, 붙이기, 선택 단계 삭제, 1단 정렬, 장치 모두 닫기 기능을 제공한다.

오른쪽부터 불러오기, 저장하기, 다른 이름으로 저장, 장치 화면 숨기기, 장치 화면 보이기, _local_, 실행 속도, 실행, 현재 노드 실행, 스크립트 여기까지 실행, 스크립트 여기부터 실행, 한 단계씩 실행, 기록할 때 실행, 초기화, 자르기, 복사, 붙여넣기, 삭제, 1단 정렬, 장치 모두 닫기, 메니저 실행이다.

주로 사용하는 도구는 저장하기, 다른 이름으로 저장, 실행이다.

🔲 불러오기: 기존에 작성된 스크립트를 불러온다.

🔲 저장하기: 지금까지 작성된 스크립트를 저장한다.

🔲 다른 이름으로 저장: 스크립트를 불러왔거나 지금까지 작성된 스크립트를 다른 이름으로 저장한다.

🔽 장치 화면 숨기기: 장치 화면을 숨긴다.

🔼 장치 화면 보이기: 숨겨진 장치 화면을 다시 보이도록 한다.

🔲 _local_ : 현재 스크립트를 실행할 장치를 확인할 수 있다.

🕐 1x ▾ 실행 속도: 실행할 스크립트의 수행 속도를 조절한다.

▶ 실행: 지금까지 작성된 스크립트를 실행한다.

▥ 현재 노드 실행: 현재 선택된 노드(명령어)만 실행한다.

▲ 스크립트 여기까지 실행: 작성된 스크립트를 처음부터 현재 선택된 노드(명령어)까지 실행한다.

▼ 스크립트 여기부터 실행: 현재 선택된 노드(명령어)부터 작성된 스크립트를 끝까지 실행한다.

❚❚ 일시 정지: 실행 중인 스크립트를 잠시 멈춘다. 일시 정지 후 다시 실행 시 정지된 곳부터 스크립트가 진행된다.

■ 실행 중지: 실행 중인 스크립트를 종료한다. 실행 중지 후 다시 실행 시 처음부터 스크립트가 진행된다.

▤ 한 단계씩 실행: 작성된 스크립트를 처음부터 한 단계씩 실행한다.

↴ 기록할 때 실행: 스크립트 수행 기록을 메니저 프로그램에 남길 때 사용한다.

✓ 초기화: 지금까지 작성된 모든 스크립트를 삭제하고 저장한다.

✂ 자르기: 현재 선택한 노드(명령어)를 잘라 낸다.

⎘ 복사: 현재 선택한 노드(명령어)를 복사한다.

⎗ 붙이기: 자르거나 복사한 노드(명령어)를 붙여 넣는다.

▦ 삭제: 현재 선택한 노드(명령어)를 삭제한다.

▣ 1단 정렬: 스크립트 정렬 방식을 확인할 수 있다.

▣ 장치 모두 닫기: 모든 장치를 닫고 연결을 종료한다.

▨ 매니저 실행: 매니저 프로그램을 실행한다.

2.2 스크립트 설정

주어진 자동화 업무를 수행하기 위해 ezbot을 이용하여 여러 개의 명령어 노드(이하 "명령어")로 이루어진 하나의 스크립트를 작성하게 된다. 명령어는 작성 관점에서 흐름 제어에 사용되는 제어 명령어 그룹(변수, 분기, 반복 등)과 PC 화면의 이미지를 처리하는 이미지 명령어 그룹, 프로그램의 오브젝트를 이용하여 처리하는 오브젝트 방식, 파일 이미지를 이용한 이미지 뷰어 처리 등으로 구분된다.

2.2.1 스크립트 구조

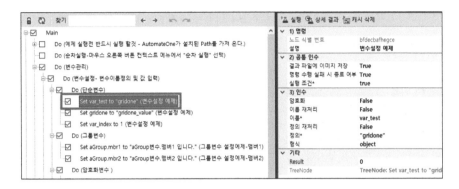

명령어마다 속성을 설정할 수 있다. 속성은 모든 명령어에 기본적으로 포함되는 공통 속성과 명령어별로 다른 속성 항목으로 구성되어 있다.

상단의 그림에서 선택된 변수 정의에서 우측 속성 항목에서 보면 기본적으로 공통 인수와 인수로 구분된 사항을 확인할 수 있다.

2.2.2 스크립트 정의

새 스크립트 파일을 생성하면 Main, Exceptions, Nodes 세 개의 노드로 구분된다.

· Main 노드의 하위로 명령어 노드로 추가하여 스크립트를 작성한다. 스크립트를 실행하면 기본적으로 Main 노드 하위에 있는 명령어 노드들이 실행된다. 단 필요시 Main 노드로 Exceptions, Nodes의 명령어 노드를 불러와서 사용하기도 한다.

· Main 노드에는 명령어를 붙여넣기 할 수 없다. 해당 기능을 사용할 경우 임의의 노드(Do 노드 등)를 생성 후 붙여넣기를 해야만 가능하다.

2.2.3 스크립트 속성

명령어에 공통적으로 포함되는 속성에 대해 설명한다.

■ 에러 목록

인수 이름	인수 설명	인수 값 (기본: Bold)	예시
노드 식별 번호	노드(명령어)를 구분하기 위해 부여되는 문자열로서 자동 생성되며 수정 불가함.	랜덤 문자열	bfdecbafhegce
설명	노드(명령어) 설명하기 위해 개발자가 필요한 내용 입력함.	직접 입력	변수 설정 예제

■ 에러 목록

인수 이름	인수 설명	인수 값 (기본: Bold)	예시
결과 파일에 이미지 저장	해당 명령어를 실행한 이후 주 모니터 바탕화면을 캡처하여 처리 결과용 이미지를 저장하는데, 저장 여부를 결정함.	True False	True
명령 수행 실패 시 종료 여부	명령어 실행을 실패한 경우, 다음 명령어 진행 여부 결정함. · True: 스크립트 실행 종료 · False: 명령 실패 다음 명령 실행	True False	True
실행 조건	명령어를 실행하기 위한 조건을 기술 · True: 무조건 실행 · False: 명령 실행하지 않음. · 조건식: 조건식이 참인 경우 실행	True False	@LastResult. Code:int@ == 0
예외 처리 사용	예외 처리 사용 여부 결정	False True	True

예외 처리 상위 노드 전파	예외 처리를 사용할 경우 예외 처리 결과를 상위 노드 전달 여부 결정	True False	False
예외 처리 참조 노드명	예외 처리를 사용하는 경우 참조할 예외 처리 노드명 리스트에서 등록된 예외 노드 중 선택	-	Exception_001

2.2.4 스크립트 복사 & 붙여넣기

명령어 노드를 한 번에 여러 개 선택할 수 있다. 다음은 복사 및 붙여넣기를 예로 사용할 수 있다.

■ 복사할 명령어 노드를 여러 개 선택하여 복사 & 붙여넣기 하는 방법 1

• 키보드의 Ctrl 키를 누른 상태에서 복사할 명령어 노드를 클릭한다.
• 명령어 노드를 선택한 후, 복사 단축키(Ctrl+C)를 이용하여 복사한다.
• 붙여넣기 할 위치를 선택하고, 붙여넣기 단축키(Ctrl+V)를 이용하여 붙여넣기 한다.
  – 위치 선택: 선택한 명령어 노드의 바로 다음에 붙여넣기 된다.

■ 복사할 명령어 노드를 여러 개 선택하여 복사 & 붙여넣기 하는 방법 2

• 키보드의 Shift 키를 누른 상태에서 복사할 명령어 노드를 선택한다.
  – 명령어 노드(1)를 선택하고, Shift 키를 누른 상태에서 다른 명령어 노드(2)를 선택한다.
  – 첫 번째 선택한 명령어 노드(1)과 두 번째 선택한 명령어 노드(2) 사이에 있는 명령어 노드가 선택된다[명령어 노드(1)과 명령어 노드(2) 포함]
• 명령어 노드를 선택한 후, 복사 단축키(Ctrl+C)를 이용하여 복사한다.
• 붙여넣기 할 위치를 선택하고, 붙여넣기 단축키(Ctrl+V)를 이용하여 붙여넣기 한다.
  – 위치 선택: 선택한 명령어 노드의 바로 다음에 붙여넣기 된다

2.2.5 명령어 속성 강제 상수화(Eval Skip)

ezbot의 명령어 노드 속성 중 * 표시가 있는 속성에는 C# 등을 삽입하여 스크립트를 커스터마이징할 수 있다.

즉 * 표시가 있는 속성은 C# 런타임 스크립트화 기능이 적용되어 런타임 시 컴파일러가 처리하면서 동작한다. 해당 속성값이 문자열 등 컴파일러를 거칠 필요가 없는 경우 명령어 노드의 실행 속도 향상을 위해 명령어 속성 강제 상수화(Eval Skip) 기능이 있다.

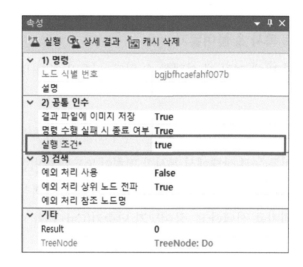

오브젝트 레코딩 모드에서 생성한 명령어 중 * 표기가 있는 속성은 디폴트로 const 키워드가 삽입된다. 스크립트 작성 시 작성자의 필요에 C# 코드 등을 삽입하여 컴파일이 필요한 경우에는 속성값의 const 키워드를 삭제할 수 있다.

예를 들어 속성값에 @URL:string@과 같이 변수를 입력하는 경우에는 컴파일이 필요하기 때문에 디폴트로 삽입된 const 키워드를 삭제한다.

이미지 패턴 매칭 레코딩 모드에서 생성한 명령어는 * 표시가 있는 속성에 기본적으로 const 키워드가 없다. 사용자 필요에 의해 const 키워드를 삽입할 수 있다.

■ 문자열 데이터를 런타임 C# 스크립트 컴파일 대상에서 제외 방법 (강제 상수화) *

· 문자열에 다음과 같은 문자를 포함시키지 않는다.

　　– [@ : alpha] [$: doller sign] [+ : plus sign] [– : minus sign]

　　– [/ : divide sign] [new] [. : comma] [* : asterisk] [₩₩ : double slash]

　　　· ex1) "1234"

　　　· ex2) "그리드원 오토메이트 원 2.0"

■ 복사할 명령어 노드를 여러 개 선택하여 복사 & 붙여넣기 하는 방법 2

· 문자열 맨 앞에 "const"를 붙인다. c# 문자열을 나타내기 위해 @를 붙이지 않는다.

　　– ex1)

　　　· const "//[@id='txt_simple_address']" (O)

　　　· const @"//[@id='txt_simple_address']" (X)

　　– ex2)

　　　· const "C:₩AO_POC₩step2" (O)

　　　· const @"C:₩AO_POC₩step2" (X)

■ 예시

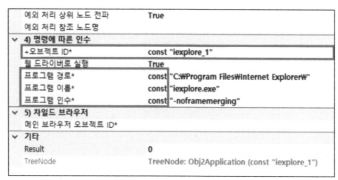

2.3 순차 실행(Do) 명령어 설정

다양한 업무가 복잡할수록 스크립트의 양이 많아지며, 스크립트 작성 및 유지 보수 시 적절한 단위로 묶음과 설명을 부여하면 편리하다. 적절한 단위의 업무량에 맞추어 스크립트 단위를 그룹으로 묶을 수 있는 기능을 제공하는 것이 순차 실행(Do)이며, 설명 추가 및 실행 조건을 부여할 수 있어 특정 조건에서 수행하는 업무를 그룹으로 묶어서 사용 가능하다.

2.3.1 순차 실행(Do) 명령어 선언 방법

① Main 부분을 마우스 우클릭하여 명령어 목록을 확인한다.

② 확인한 명령어 목록 중 순차 실행을 클릭한다.

③ 선언된 Do 명령어를 확인한다.

Do 명령어의 역할은 스크립트의 그룹화, 가독성 증가를 통한 유지 보수의 편리성 증가이다.

Do 명령어가 없다고 순서 상관없이 스크립트가 진행되는 것은 아니다.

기본적으로 상단에서 하단으로 스크립트는 진행된다.

2.3.2 순차 실행(Do) 명령어 속성

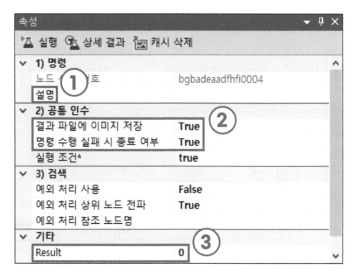

① 설명은 해당 스크립트에 설명을 붙여 가독성을 증가시킨다. Do는 그룹화를 위해 사용하는 경우가 많아 설명 부분을 확실히 써 주어야 유지 관리에 편리하다.

② 공통 인수는 스크립트들이 가지게 되는 공통적인 인수이다. 결과 파일에 이미지 저장은 True, False 값을 가지며 True의 경우 로그에 이미지가 남게 되어 오류 발생 시 추적이 편리하다. False의 경우 이미지를 포함하지 않아 용량이 줄어든다. 명령 수행 실패 시 종료 여부는 True, False 값을 가지며 True의 경우 해당 명령어에서 오류가 발생되면 스크립트가 중지된다. False의 경우 해당 명령어에서 오류가 발생해도 스크립트가 중지되지 않는다.

③ 변수 선언 챕터에서 자세하게 설명될 Result이다. Result는 실행 결괏값을 가지는 변수이며 사용자 지정 변수가 아닌 자동 생성 변수이다. 결괏값은 0과 −1을 가지며 0일 경우 정상, −1일 경우 오류이다. Result의 값은 주로 예외 처리를 위해 쓰이며 LastResult.Code 변수에 결괏값이 저장된다.

2.4 순차 실행(Do) 명령어 응용 예제

Do 명령어를 기반으로 스크립트를 작성해 보기로 한다.

2.4.1 순차 실행(Do) 명령어 응용 예제 – 변수 설정

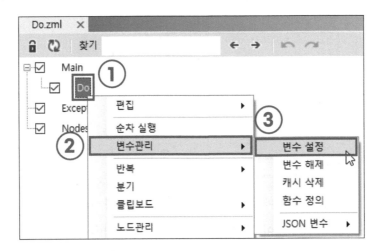

① 선언된 Do 명령어를 우클릭하여 명령어 목록을 확인한다.

② 확인된 명령어 목록 중 변수 관리를 클릭한다.

③ 변수 관리 명령어 중 변수 설정을 클릭한다.

2.4.2 순차 실행(Do) 명령어 응용 예제 – 변수 속성 정의

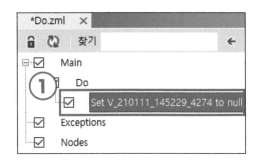

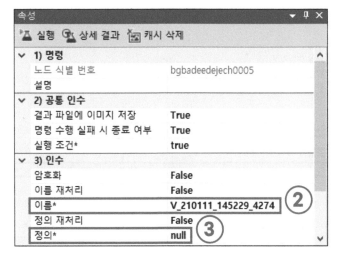

① 변수 선언 챕터에서 자세하게 설명될 Set 명령어이다. 선언된 Set 명령어를 확인한다.

② 이름 부분에는 변수명이 입력된다. 이번 예제에서 변수명은 임의로 지정하여 사용해도 무관하다.

③ 정의 부분에는 변수에 입력될 값이 입력된다.

2.4.3 순차 실행(Do) 명령어 응용 예제 – 메세지 정의 설정

① 선언된 Set 명령어에 값을 입력한다.

② 이름 부분에는 사용자가 임의로 정의한 값을 입력한다.

③ 정의 부분에는 다음 C# 코드를 입력한다.

```
{
  MessageBox.Show("실행 : 1");
  return "Msg";
}
```

형식은 변수의 형식을 입력해 주어야 한다. string으로 정의하여 준다.

C# 코드의 사용 방법은 변수 선언 챕터에서 설명한다.

2.4.4 순차 실행(Do) 명령어 응용 예제 – 실행 결과

① 다음 예제를 실행하여 보도록 하자. 도구 모음에서 실행 버튼을 눌러 주면 된다.

② 예제 실행 결과이다. C# 코드가 실행되며 MessageBox가 나와 입력값이 출력된다.

2.4.5 순차 실행(Do) 명령어 실습 예제

이전 예제를 통해 다음과 같이 스크립트를 구성해 보자.

Main에 선언한 변수와 가장 상단에 선언된 Do에 선언한 변수가 가지는 순서 차이를 이해하는 데 도움이 될 것이다.

완전히 일치하지 않아도 좋다. 다수의 스크립트 명령어를 선언해 보자.

2.5 명령어 순서 변경

Do 명령어의 순서를 마우스로 선택한 후 마우스 오른쪽 클릭하면 앞으로 이동, 뒤로 이동, 하위 노드로 이동 기능에서 선택할 수 있다.

2.5.1 '앞으로 이동' 순서 변경 예제

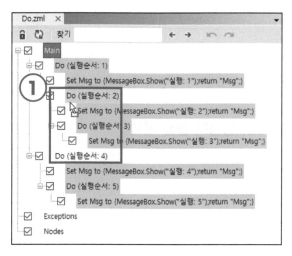

① 이전 예제에서 생성한 명령어 중 원하는 명령어를 ClickAndDrag 하여 다른 명령어로 옮겨 보자.

② 명령어를 옮기면 명령어 이동, 복사와 관련된 명령어를 확인할 수 있다.

③ 다음 예제를 통해 각 명령어를 한 번씩 실행해 보자.

2.5.2 '앞으로 이동' 적용 결과

① 앞으로 이동을 실행한 결과이다. 상단은 실행 전 하단은 실행 후이다.

② 실행 순서 2번과 4번의 위치가 바뀐 것을 알 수 있다. 이는 4번을 2번 앞으로 이
동하였기 때문이다.

2.5.3 '뒤로 이동' 적용 결과

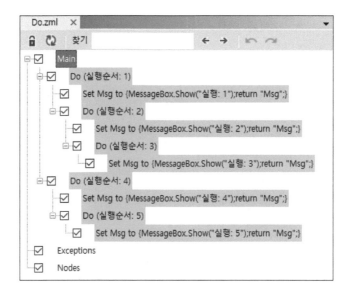

① 뒤로 이동을 실행한 결과이다. 상단은 실행 전, 하단은 실행 후이다.

② 실행 순서 4번이 1번의 하위 노드인 2번의 뒤로 이동하면서 4번 또한 1번의 하위 노드가 되는 것을 알 수 있다.

2.5.4 '하위 노드로 이동' 적용 결과

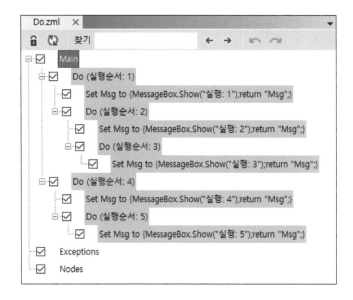

① 하위 노드로 이동을 실행한 결과이다. 상단은 실행 전, 하단은 실행 후이다.

② 실행 순서 4번이 2번의 하위 노드가 된 것을 확인할 수 있다.

2.5.5 '앞에 복사' 적용 결과

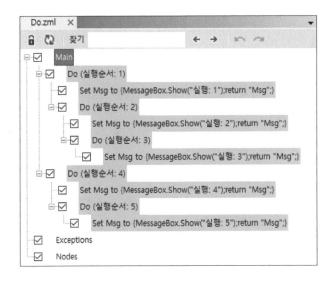

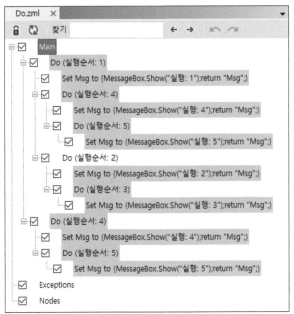

① 앞에 복사를 실행한 결과이다. 상단은 실행 전, 하단은 실행 후이다.

② 실행 순서 4번을 2번 앞으로 복사하였기 때문에 다음과 같은 결과를 확인할 수 있다.

③ 앞으로 이동과의 차이점은 역시 복사를 한다는 점이다. 기존에 있던 스크립트 명령어를 옮기기만 하는 이동 명령어와 복사 명령어의 차이점이다.

2.5.6 '뒤에 복사' 적용 결과

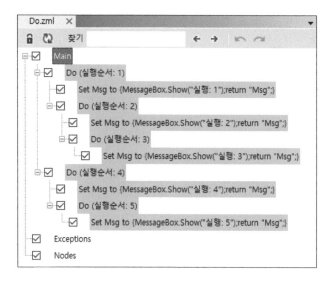

① 뒤에 복사를 실행한 결과이다. 상단은 실행 전, 하단은 실행 후이다.

② 실행 순서 4번을 2번 뒤로 복사를 하였기 때문에 다음과 같은 결과를 확인할 수
있다.

2.5.7 '하위 노드로 복사' 적용 결과

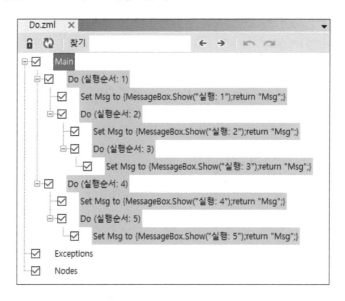

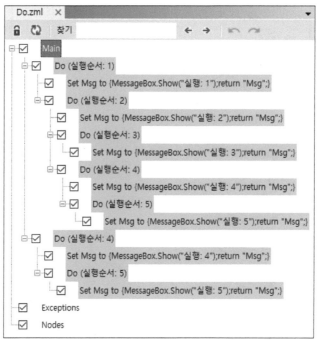

① 하위 노드로 복사를 실행한 결과이다. 상단은 실행 전, 하단은 실행 후이다.

② 실행 순서 4번을 2번의 하위 노드로 복사하였기 때문에 다음과 같은 결과를 확인할 수 있다.

2.5.8 '스크립트 감추기' 적용 결과

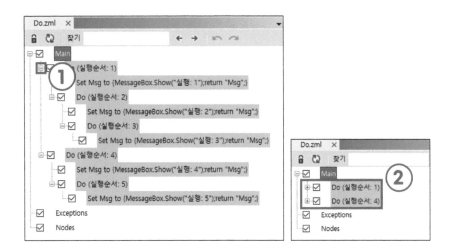

① 표시된 버튼은 스크립트 감추기다. 길어지거나 복잡해진 스크립트 명령어를 노
  드 단위로 묶어 놓은 것이 Do라면, Do에 하위로 입력된 명령어들을 감추거나 보
  일 수 있도록 하는 기능이다.

② Do의 설명과 함께 사용하면 스크립트의 가독성을 증가시킬 수 있다.

RPA

Robotic Process Automation

CHAPTER 3

변수 정의

3.1 변수 설정(Set) 명령어 설정

스크립트에서 사용할 값을 저장하기 위해 사용하는 명령어로 다양한 형식의 내용을 저장할 수 있다. 변수(variable)에 값을 설정할 때는 단순한 값을 지정할 수 있을 뿐만 아니라 여러 변숫값을 연산자를 이용하여 계산된 값의 설정이 가능하다. 또한, 정의 부분에 C#으로 코딩하여 기능을 정의할 수 있다. 이름과 정의 부분의 값을 이용한 재처리 기능이 있다.

3.1.1 변수 설정(Set) 명령어 선언 방법

① 이번에는 Set 변수 선언을 사용해 보자. 먼저 Main을 우클릭하여 명령어 목록을 확인한다.

② 확인한 명령어 목록 중 변수 관리를 클릭하여 변수 관리 명령어 목록을 확인한다. 그리고 변수 관리 명령어 목록 중 변수 설정을 클릭한다.

③ 선언된 Set 변수 명령어를 확인한다. 선언된 변수는 Set 변수명 to 입력값의 형태로 선언된다.

3.1.2 변수 설정(Set) 명령어 속성

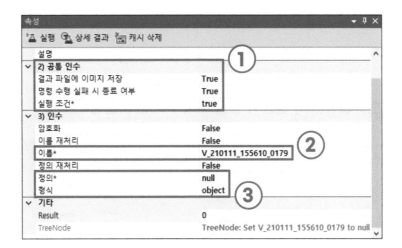

① 공통 인수는 스크립트들이 가지게 되는 공통적인 인수이다. 결과 파일에 이미지 저장은 True 또는 False 값을 가지며, True의 경우 로그에 이미지가 남게 되어 오류 발생 시 추적이 편리하다. False의 경우 이미지를 포함하지 않아 용량이 줄어든다. 명령 수행 실패 시 종료 여부는 True 또는 False 값을 가지며, True의 경우 해당 명령어에서 오류가 발생하면 스크립트가 중지된다. False의 경우 해당 명령어에서 오류가 발생해도 스크립트가 중지되지 않는다. 실행 조건은 If 조건을 활용하기 위한 인수이다. False로 설정되면 명령어가 실행되지 않는다.

② 선언된 변수의 이름을 정의한다. 선언된 변수의 이름값은 다음과 같은 형식의 코드네임으로 선언된다.

③ 정의는 선언된 변수의 입력값을 정의한다. 형식은 변수의 타입을 정의한다.

3.2 변수 설정(Set) 명령어 응용 예제

스크립트에서 사용할 수 있는 변수 정의를 활용하여 응용해 보자. 정의 부분에 C#으로 코딩하여 기능을 정의 및 재처리가 가능하다.

3.2.1 변수 설정(Set) 명령어 응용 예제 1 - 변수 설정

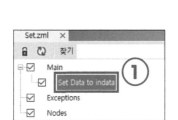
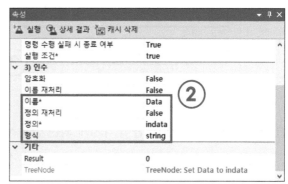

① 이번 예제에서는 방금 선언한 변수를 사용해 보자. Set 변수명 입력값의 형태로 표시되는 Set 변수가 어떻게 바뀌고, 입력값이 적용되는지를 확인해 보자.

② 먼저 이름의 경우, 사용자가 원하는 대로 정의해도 무관하다. 원하는 이름을 붙여 주도록 하자.

③ 정의의 경우, 변수에 입력할 입력값을 입력하면 된다. 문자열 값을 입력해 주도록 하자.

④ RPA에서 지원하는 문자열은 프로그래밍 언어와 동일하다. 이번에는 문자열을 입력했으므로 형식은 string으로 입력하도록 한다.

⑤ 모든 입력값을 입력했다면 실행 버튼을 눌러 실행해 보자.

3.2.2 변수 설정(Set) 명령어 응용 예제 1 – 실행 결과

① 실행을 하였다면 화면 우측 하단 변수 부분에서 실행 결과를 확인해 보자.

② 입력한 변수명(Data)과 값(indata)이 나오는 것을 알 수 있다. 본인이 입력한 값
   이 잘 입력되어 나오는지 확인해 보자.

③ 이전 챕터에서 언급한 Result 값도 여기서 확인할 수 있다.

3.2.3 변수 설정(Set) 명령어 응용 예제 1 – 변수 형식

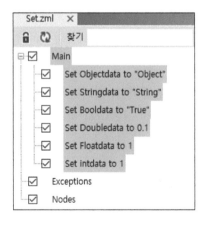

데이터 타입	설명
Object	모든 타입 포함
String	문자열
Bool	True / False
Double	배정도 실수
Float	단정도 실수
int	정수

① Set 명령어에서 사용되는 형식의 종류이다. 다음 표에 나오는 형식 모두 사용 가
   능하니 참고하도록 하자.

3.2.4 변수 설정(Set) 명령어 응용 예제 2 – 변수 설정

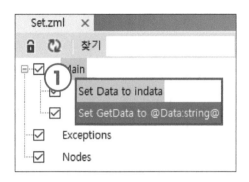

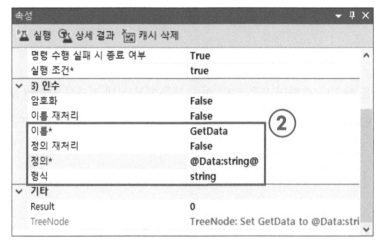

① 이번 예제에서는 이전 예제에서 사용하였던 변수를 복사하여 총 2개의 변수를 선언해서 사용해야 한다. 그리고 복사한 변수 중 하단에 있는 변수의 입력값을 다음과 같이 입력해 보자.

② 변수 이름은 사용자가 원하는 대로 입력해도 무관하다. 정의는 @변수명: 형식@ 의 형태로 입력한다. 이때 형식은 @ 안에 입력된 변수명의 형식으로 입력해야 한다.

다음 예제와 같다면 @Data:string@이 된다.

모두 입력하였다면 형식은 string으로 입력한다.

③ 모두 입력한 후 시작 버튼을 눌러 실행해 보자.

3.2.5 변수 설정(Set) 명령어 응용 예제 2 – 실행 결과

① 실행을 하였다면 화면 우측 하단 변수 부분에서 실행 결과를 확인해 보자.

② 정의에 직접 입력값을 입력한 변수와 **@변수명: 변수형@**의 형태로 선언한 변수
의 입력값이 모두 같다. 즉 변수를 활용한 예제이다.

③ RPA에서 변수를 활용하는 방법은 다음과 같다.

　@변수명: 변수형@의 형태로 선언

3.2.6 변수 설정(Set) 명령어 응용 예제 3 – 변수 설정

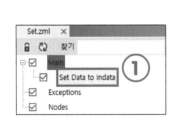

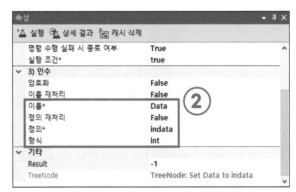

① 이번 예제에서는 Result 값에 대해 알아보자. 먼저 의도적으로 오류를 발생시키
기 위해 변수를 하나 선언한다.

② 변수의 입력값은 다음과 같다. 이름은 사용자가 원하는 변수명으로 정의해도 무
관하다. 정의는 문자열 값을 입력한다. 형식은 int로 정의하자. 이렇게 되면 문자
열 값을 입력하였으나 변수의 형식이 int임으로 오류가 발생한다.

③ 변수의 입력값을 모두 입력하였다면 실행 버튼을 눌러 실행해 보자.

3.2.7 변수 설정(Set) 명령어 응용 예제 3 – 실행 결과

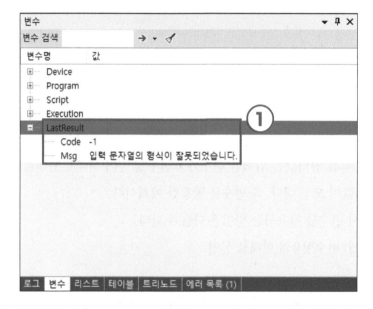

① 예제 실행 결과이다. LastResult 항목에 Code 값과 Msg 값을 확인해 보자.

② Code 변수는 Result의 값을 입력받는 자동 생성 변수이다. 0은 정상 실행 –1은 오
류 발생이다.

③ Msg 변수는 오류가 발생한 이유를 로그에서 불러와 입력받는 자동 생성 변수이
다. 간략하고 빠르게 오류를 알 수 있지만, 정확하게 판단하기 위해서는 로그 부
분을 보는 것이 좋다.

④ 각각의 변수는 C#에서의 문법처럼 LastResult.Code, LastResult.Msg로 변수명을
지정해야 하며, 형식은 Code의 경우 int, Msg의 경우 string이다.

3.2.8 변수 설정(Set) 명령어 응용 예제 4 – 변수 설정

① 이번 예제는 Result 값을 활용하는 예제이다. 먼저 변수를 선언하고 다음과 같이 속성을 입력한다.

② 이름에 들어갈 변수명은 사용자가 임의로 정의해도 무관하다. 정의는 @ LastResult.Code:int@로 입력한다. 형식은 int를 입력한다.

③ 입력값을 모두 입력했다면 실행 버튼을 눌러 실행해 보자.

3.2.9 변수 설정(Set) 명령어 응용 예제 4 – 실행 결과

① 예제 실행 결과이다. LastResult.Code 값과 선언한 변수의 값이 같은 것을 알 수 있다.

② LastResult의 변숫값은 다른 변수에 대입하여 사용 가능하다. 다만 LastResult의 변수는 C# 문법 구조의 변수명을 가지기 때문에

LastResult.Code의 형식으로 선언해야 하며, Code의 경우 int이기 때문에 변수를 활용할 때 @LastResult.Code:int@의 형태가 된다.

3.2.10 변수 설정(Set) 명령어 응용 예제 5 – 변수 설정

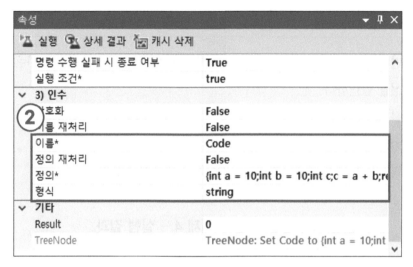

① 이번 예제에서는 C# 코드를 사용한다. 먼저 변수를 선언해 준 후 속성을 다음과
같이 입력한다.

② 변수명은 사용자가 임의로 지정하여 입력해도 무관하다. 정의는 다음과 같이 입
력하도록 하자.

```
{
    int a= 10;
    int b= 10;
    int c;
    c = a + b;
    return " 변수명 ";
}
```

③ 형식은 string으로 입력한다.

④ 모두 입력하였다면 실행 버튼을 클릭하여 실행해 보자.

3.2.11 변수 설정(Set) 명령어 응용 예제 5 - 실행 결과

① 예제 실행 결과이다. RPA에서 C# 코드를 실행하는 방법은 다음과 같다. 중괄호 안에 소스 코드를 입력해야 하며, C#에서 Main 내부에 선언해 입력할 값을 중괄호 안에 선언하면 된다. 이때 주의해야 할 점은 소스 코드 마지막 줄에는 항상 return 변수명의 형태를 취해야 하며 name space를 선언할 수 없다는 점이다. 이 때문에 명령어를 사용할 때 별도의 name space를 사용한다면 풀네임으로 선언해야 하며, 문자열이기 때문에 string의 형식을 취한다.

② 실행 결과를 보면 변수에 같은 변수명이 입력값으로 입력된 것을 알 수 있다. C# 코드 결괏값이 아닌 변수명이 입력된 이유는 다음 예제를 통해 알아보도록 하자.

3.2.12 변수 설정(Set) 명령어 응용 예제 6 – 변수 설정

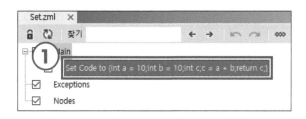

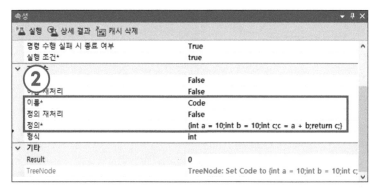

① 이전 예제에서 사용한 C# 코드를 조금 바꾸어 보자.

② 정의에 입력해 준 값을 다음과 같이 입력한다.

```
{
    int a= 10;
    int b= 10;
    int c;
    c = a + b;
    return c;
}
```

형식의 경우 int로 정의해야 한다.

③ 모두 입력하였다면 실행 버튼을 클릭하여 실행해 보자.

3.2.13 변수 설정(Set) 명령어 응용 예제 6 – 실행 결과

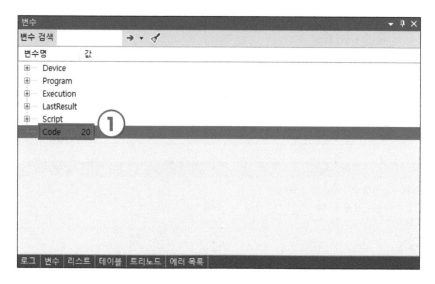

① 예제 실행 결과이다. C# 코드를 입력한 변수의 값으로 코드 내부에서 사용한 변 숫값이 입력되어 있는 것을 확인할 수 있다. 이전 예제와의 가장 큰 차이이며, 이 차이는 C# 코드 마지막 줄에 있는 return의 반환값 차이이다.

② C# 코드 마지막 줄에는 항상 return을 사용하여 값을 반환해야 하는데, 이유는 선언한 변수에 입력될 값이 필요하기 때문이다. 만약 C# 소스 코드가 내부 변수 를 활용할 필요가 없다면 변수명을 return 하면 되고, 내부 변수를 활용할 필요가 있다면 return '내부 변수명'의 형태로 값을 반환해야 한다.

③ return 값을 활용할 때에는 항상 변수의 형식에 주의해야 한다. 이번 예제에서는 return으로 반환되는 값의 형식이 int였기 때문에 C# 코드를 선언한 변수의 형식 이 int로 입력된 것을 알 수 있다.

3.2.14 변수 설정(Set) 명령어 응용 예제 7 – 변수 설정

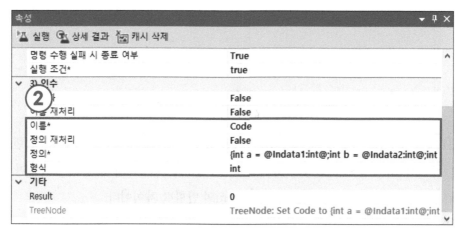

① 이번 예제에서는 RPA에서 Set 명령어를 통해 선언한 변수를 C# 코드 내부에서 활용하는 예제이다.

② 먼저 변수를 3개 선언한다. 첫 번째 변수와 두 번째 변수는 임의의 변수명에 원하는 int 값을 입력한다. 마지막 변수에는 C# 코드를 입력해야 한다. 변수명은 임의로 지정하고 형식은 int를 입력한다. C# 코드는 다음과 같다.

```
{
    int a = @Indata1:int@;
    int b = @Indata2:int@;
    int c;
    c = a + b;
    return c;
}
```

③ 모두 입력하였다면 실행 버튼을 클릭하여 실행해 보자.

3.2.15 변수 설정(Set) 명령어 응용 예제 7 – 실행 결과

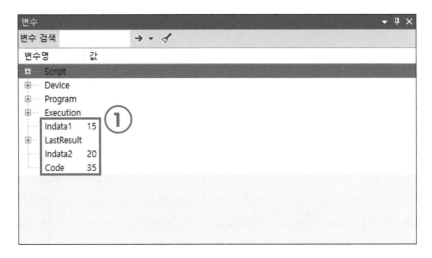

① 예제 실행 결과이다. 먼저 선언해 준 2개의 변수, 입력값과 C# 코드 결과 변숫값
  을 확인해 보자.

② C# 코드 내부에서도 RPA에서 변수를 선언하는 형식, @변수명: 변수형@의 형태
  로 변수를 활용할 수 있다.

CHAPTER 4

반복문 정의

4.1 횟수로 반복(Loop times) 명령어 설정

횟수로 반복문의 경우 별도의 조건 없이 정해진 횟수만큼 반복하는 반복문이며 대표적으로 사용되는 반복문 중 하나이다. 별도의 조건 없이 정해진 횟수만큼만 반복하기 때문에 사용하기 편리하며 반복 횟수가 고정적으로 주어지는 업무 프로세스에서 많이 사용된다.

다른 조건 없이 단순히 주어진 횟수만큼 반복되므로 복잡한 프로세스나 불규칙적으로 반복해야 하는 경우 유연한 대처가 어렵기 때문에 사용하기 전 업무 프로세스의 대한 분석을 철저히 하여 주어진 상황에 맞게 사용하여야 한다.

다음 예제를 통해 횟수로 반복 명령어인 Loop times 명령어를 선언하고 예제를 수행하여 익숙해지도록 하자.

4.1.1 횟수로 반복(Loop times) 명령어 선언 방법 – 변수 선언

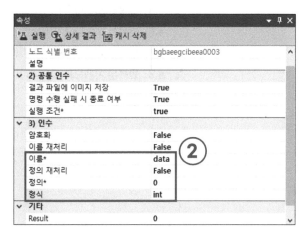

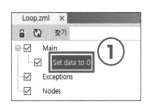

① 이번 챕터에서는 반복문을 사용할 것이다. 반복문을 사용하기 위해 먼저 변수를 하나 선언한다.

② 변수명은 사용자가 원하는 변수명을 사용해도 무관하다. 정의는 0, 형식은 int를 입력한다.

4.1.2 횟수로 반복(Loop times) 명령어 선언 방법 – 반복문 선언

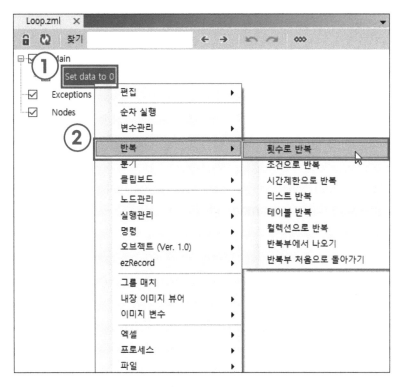

① 미리 선언해 준 변수를 우클릭하여 명령어 목록을 확인한다.

② 확인된 명령어 목록 중 반복을 클릭하여 반복 명령어를 확인한 다음, 횟수로 반복을 클릭한다.

4.1.3 횟수로 반복(Loop times) 명령어 선언 방법 – 명령어 속성

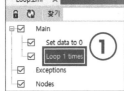

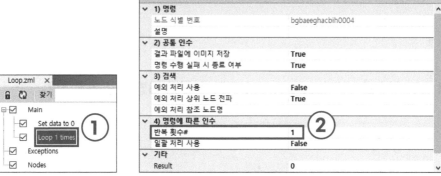

① 선언된 횟수로 반복 명령어(Loop times)를 확인한다.

② 횟수로 반복의 속성값에는 반복 횟수#라는 속성값이 존재한다. 반복 횟수는 문자 그대로 반복 횟수를 정의하여 입력받는 인수이다.

4.1.4 횟수로 반복(Loop times) 명령어 선언 방법 – 반복문 속성 설정

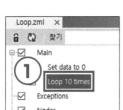

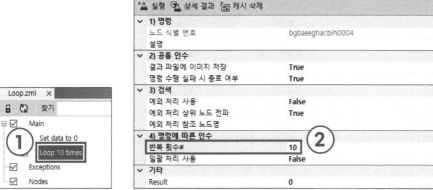

① 미리 선언해 준 횟수로 반복(Loop times) 명령어에 반복 횟수를 입력한다.

② 입력값은 사용자가 원하는 값을 입력해도 무관하다.

4.1.5 횟수로 반복(Loop times) 명령어 선언 방법
– 변수를 하위 노드로 복사

① 미리 선언해 둔 변수를 횟수로 반복(Loop times)에 ClickAndDrag 하여 이동 및
   복사 명령어를 확인한다.

② 확인된 명령어 중 하위 노드로 복사를 클릭한다.

4.1.6 횟수로 반복(Loop times) 명령어 선언 방법 – 복사한 변수 설정

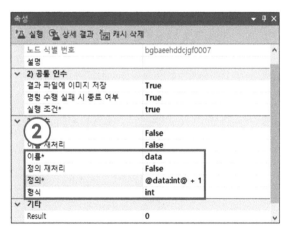

① 이전 예제에서 하위 노드로 복사한 변수의 속성값을 다음과 같이 입력한다.

② 변수명은 이전에 선언해 놓은 그대로 같은 변수명을 사용한다. 정의는 @변수
   명:int@ + 1의 형태로 선언한다. 형식은 int로 입력한다.

③ 모두 입력하였다면 실행 버튼을 클릭하여 실행해 보자.

4.1.7 횟수로 반복(Loop times) 명령어 선언 방법 – 실행 결과

① 예제 실행 결과이다. 하위 노드로 복사한 변수의 입력값인 @변수명:int@ + 1로
   인해 변수가 실행될 때마다 변수의 값이 1씩 증가하여 총 10까지 증가한 것을 확
   인할 수 있다.

② LoopCount는 반복문이 실행된 횟수를 입력받아 저장하는 자동 생성 변수이다.

4.2 횟수로 반복(Loop times) 명령어 응용 예제

4.2.1 횟수로 반복(Loop times) 명령어 응용 예제 – 반복문 속성 설정

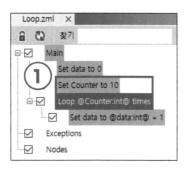

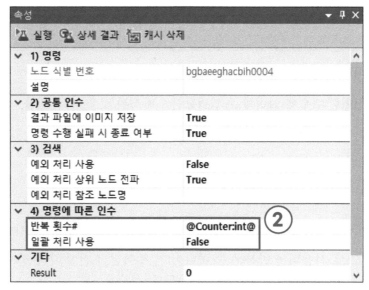

① 이번 예제는 이전에 사용했던 스크립트를 그대로 사용한다. 먼저 변수를 하나 추가로 선언한 다음, 변수에 다음과 같이 속성을 입력한다. 변수명은 사용자 임의로 정의해도 무관하며, 정의는 10, 형식은 int로 입력한다.

② 기존에 선언했던 횟수로 반복(Loop times) 명령어의 반복 횟수를 @변수명:int@의 형태로 선언한다.

이때 사용하는 변수는 방금 새로 선언한 변수를 사용한다.

모두 입력하였다면 실행 버튼을 클릭하여 실행해 보자.

4.2.2 횟수로 반복(Loop times) 명령어 응용 예제 - 실행 결과

① 예제 실행 결과이다. 이전 예제와 결괏값이 같은 것을 알 수 있다.

② 새로 선언한 변수에 입력해 준 입력값만큼 반복된 것을 알 수 있다. 횟수로 반복 (Loop times) 명령어에는 변숫값이 활용 가능한 것이다.

4.3 조건으로 반복(Loop while) 명령어 설정

조건으로 반복문의 경우 주어진 조건으로 정해진 규칙에 따라 반복하는 반복문 이며 대표적으로 사용되는 반복문 중 하나이다. 주어진 조건에 따라 정해진 규칙으 로만 반복하기 때문에 사용할 때 주의가 필요하며, 반복 횟수가 고정적이지 않고 규 칙성을 가지고 있거나 불규칙하게 특정 상황에 따라 유연한 대처를 요구하는 경우 가 주어지는 업무 프로세스에서 많이 사용된다.

주어진 조건을 통해 정해진 규칙대로 반복되기 때문에 단순한 프로세스보다는 복잡한 프로세스나 불규칙적으로 반복적인 업무를 수행해야 하는 경우 유연한 대 처가 가능하고, 주어진 업무 프로세스를 분석하여 적합한 규칙과 조건을 잘 생각하 고 사용해야 한다.

다음 예제를 통해 조건으로 반복 명령어인 Loop while 명령어를 선언하고 예제 를 수행하여 익숙해지도록 하자.

4.3.1 조건으로 반복(Loop while) 명령어 선언 방법 – 변수 선언

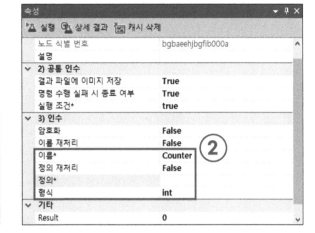

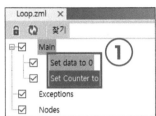

① 이번 예제에서 사용할 변수를 2개 선언한다.

② 두 개의 변수 모두 입력값은 같다. 변수명은 사용자 임의로 지정해도 무관하며 정의는 0, 형식은 int로 입력한다.

4.3.2 조건으로 반복(Loop while) 명령어 선언 방법 – 반복문 선언

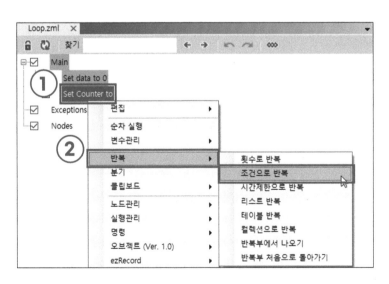

① 선언한 변수 중 가장 아래에 위치한 변수를 우클릭하여 명령어 목록을 확인 한다.

② 확인한 명령어 목록 중 반복을 클릭하여 반복 명령어를 확인한다. 반복 명령어 중 조건으로 반복을 클릭하여 조건으로 반복 명령어를 선언한다.

4.3.3 조건으로 반복(Loop while) 명령어 선언 방법 – 명령어 속성

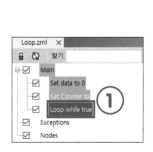
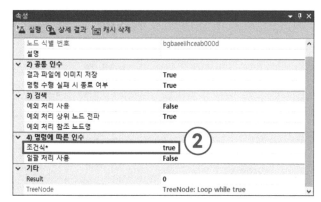

① 선언된 조건으로 반복(Loop while) 명령어를 확인한다.

② 조건으로 반복(Loop while) 명령어는 조건식을 입력받을 수 있다.

4.3.4 조건으로 반복(Loop while) 명령어 선언 방법 – 반복문 속성 설정

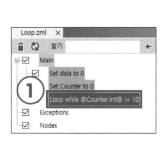
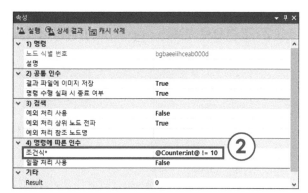

① 미리 선언한 조건으로 반복 명령어의 조건식을 다음과 같이 입력한다.

② 조건식 입력값을 @변수명:int@ != 10으로 선언한다.

4.3.5 조건으로 반복(Loop while) 명령어 선언 방법
– 변수를 하위 노드로 복사

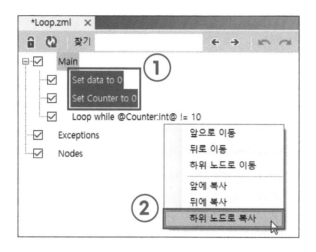

① 미리 선언한 변수 2개를 조건으로 반복(Loop while) 명령어에 ClickAndDrag 하여 이동, 복사 명령어를 확인한다.
② 확인된 명령어 중 하위 노드로 복사 명령어를 클릭하여 2개의 명령어를 하위 노드로 복사한다.

4.3.6 조건으로 반복(Loop while) 명령어 선언 방법 – 복사한 변수 설정

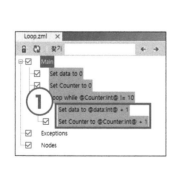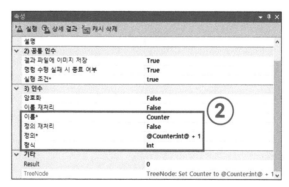

① 방금 복사한 변수의 속성값을 다음과 같이 입력한다.
② 변수명은 정의했던 그대로 사용한다. 정의는 @변수명:int@ + 1로, 형식은 int로 선언한다.

4.3.7 조건으로 반복(Loop while) 명령어 선언 방법 – 실행 결과

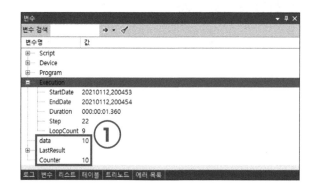

① 예제 실행 결과이다. 조건으로 반복(Loop while) 명령어가 10회 반복된 것을 알 수 있다.

② 조건식에 사용한 변수의 값이 10이 될 때까지 실행되는 조건식을 사용하였고, 반복문이 실행될 때마다 하위 노드로 복사한 변수들로 인해 2개의 변수가 값이 1씩 증가하기 때문에 10의 값을 가지게 되는 것을 알 수 있다.

③ 이처럼 조건으로 반복(Loop while) 명령어는 입력된 조건식에 맞춰 실행된다는 특징을 가지고 있다.

4.4 조건으로 반복(Loop while) 명령어 응용 예제

4.4.1 조건으로 반복(Loop while) 명령어 응용 예제 1 – 변수 설정

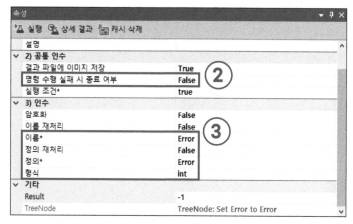

① 이번 예제에서는 이전에 예제에서 사용한 스크립트를 그대로 활용해도 된다. 예제에서 사용하기 위해 오류를 발생시킬 변수가 필요하다. 원하는 변수를 선택해 입력값을 다음과 같이 바꾸어 준다. 먼저 스크립트 명령어를 다음과 같이 구성하고, 조건으로 반복(Loop while) 명령어의 조건을 @LastResult.Code:int@ != 0 으로 입력한다. 다음으로 의도적으로 오류를 발생시키기 위한 변수의 입력값을 다음과 같이 입력한다.

② 변수의 명령 수행 실패 시 종료 여부를 False로 입력하여 오류가 발생해도 스크립트가 중지되지 않도록 한다.

③ 변수의 변수명은 임의로 정의하여도 무관하다. 정의는 문자열 값으로, 형식은 int로 입력하여 오류를 발생시키도록 한다.

④ 모두 입력하였다면 실행 버튼을 클릭하여 실행해 보자.

4.4.2 조건으로 반복(Loop while) 명령어 응용 예제 1 – 실행 결과

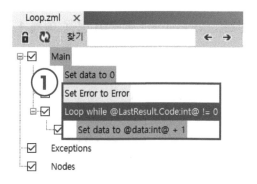

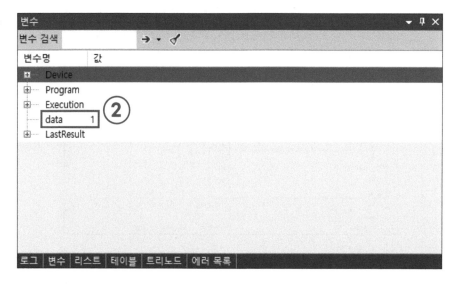

① 예제 실행 결과이다. 명령어가 노란색으로 표시되는 것을 확인할 수 있는데 명령어 정상 실행은 파란색, 오류 발생은 빨간색, 오류 발생 후 스크립트 속행은 노란색으로 표시된다.

② 이번 예제에서 조건으로 반복(Loop while) 명령어에 입력한 조건식은 @LastReuslt.Code:int@ != 0이다. 이 조건식은 마지막으로 실행된 명령어가 오류가 발생했을 때 Result 값이 0이 아닌 –1이 되어 실행되는 조건식이다. 그렇기 때문에 미리 오류를 발생시킬 변수를 선언하여 사용한 것이다. 조건으로 반복(Loop while) 명령어에는 이번 예제처럼 LastResult 값을 활용하는 것이 가능하다.

4.4.3 조건으로 반복(Loop while) 명령어 응용 예제 2 – 변수, 반복문 설정

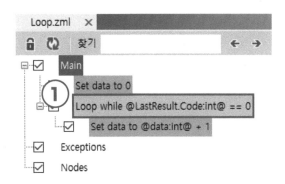

① 이번 예제에서는 조건으로 반복(Loop while) 명령어를 이용한 무한 루프 예제이다.

② 먼저 변수를 하나 선언하고 변수명은 임의로, 정의는 0, 형식은 int로 입력한다.

③ 선언된 조건으로 반복(Loop while) 명령어의 조건식을 @LastResult.Code:int@
== 0으로 입력한다.

④ 조건으로 반복(Loop while) 명령어의 하위 노드에 미리 선언해 둔 변수를 복사
하여 정의를 @변수명:int@ + 1로 입력한다.

⑤ 모두 입력했다면 실행 버튼을 클릭하여 실행해 보자.

4.4.4 조건으로 반복(Loop while) 명령어 응용 예제 2 – 예제 실행

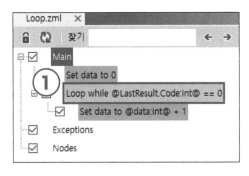

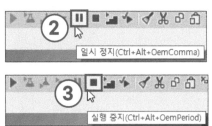

① 이번 예제는 무한 루프 예제이기 때문에 스크립트가 중지되지 않은 채 변수의
값이 계속해서 증가하는 것을 볼 수 있다.

② 스크립트를 중단하는 방법은 다음과 같다. 먼저 상단 도구 목록에서 일시 정지
(Ctrl + Alt + OemComma)를 클릭한다.

③ 스크립트가 중지 정상적으로 중단되었다면 실행 중지(Ctrl + Alt + OemPeriod)를
클릭하여 스크립트를 정상적으로 중지하도록 한다.

4.4.5 조건으로 반복(Loop while) 명령어 응용 예제 2 – 실행 결과

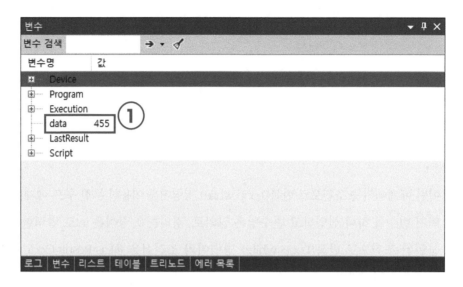

① 예제 실행 결과이다. 스크립트를 정상적으로 중단한 후 결과를 확인하면 변숫값이 한도 없이 증가한 것을 확인할 수 있다.

② 이번 예제에서 활용한 무한 루프는 오류가 발생했을 때만 반복 명령어를 종료하는 상황에서 주로 쓰인다.

4.5 반복부에서 나오기(Break) 명령어 설정

반복부에서 나오기 명령어는 주로 특정 상황 혹은 조건에서 반복문을 종료해야할 때 사용된다.

다음 예제를 통해 조건으로 반복 명령어인 Loop while 명령어를 선언하고 예제를 수행하여 익숙해지도록 하자.

4.5.1 반복부에서 나오기(Break) 명령어 선언 방법 – 변수, 반복문 설정

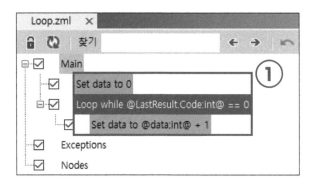

① 이번 예제에서는 방금 사용하였던 무한 루프 스크립트를 그대로 사용한다.

② 변수를 하나 선언하여 변수명은 임의로, 정의는 0, 형식은 int로 선언한다.

③ 조건으로 반복(Loop while) 명령어를 선언한 후 조건식을 @LastReulst.Code:int@ == 0으로 입력한다.

④ 방금 선언한 변수를 조건으로 반복(Loop while) 명령어에 ClickAndDrag 하여 하위 노드로 복사한다.

⑤ 복사한 변수의 정의를 @변수명:int@로 선언한다.

4.5.2 반복부에서 나오기(Break) 명령어 선언 방법 – 명령어 선언

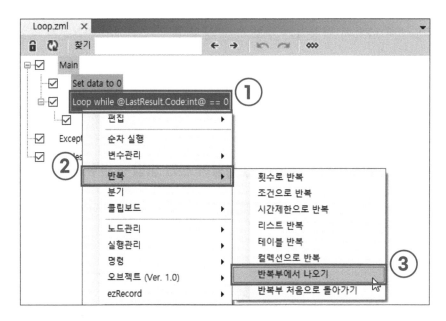

① 선언한 조건으로 반복(Loop while) 명령어를 우클릭하여 명령어 목록을 확인
   한다.
② 확인된 명령어 목록 중 반복을 클릭하여 반복 명령어를 확인한다.
③ 확인된 반복 명령어 중 반복부에서 나오기를 클릭하여 반복부에서 나오기
   (Break) 명령어를 선언한다.

4.5.3 반복부에서 나오기(Break) 명령어 선언 방법 – 명령어 속성

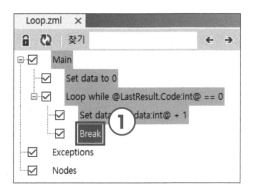

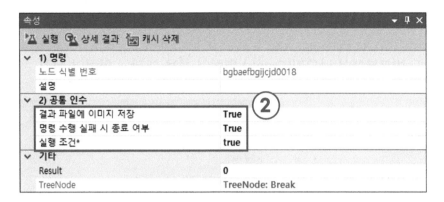

① 선언된 반복부에서 나오기(Break) 명령어를 확인한다.

② 반복부에서 나오기(Break) 명령어는 큰 특징을 가지고 있지 않다. 일반적인 변수에서 사용되는 속성값을 가지고 있다.

③ 스크립트 실행 버튼을 클릭하여 예제를 실행해 보자.

4.5.4 반복부에서 나오기(Break) 명령어 선언 방법 – 실행 결과

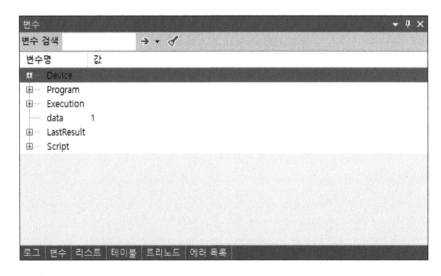

① 예제 실행 결과이다. 무한 루프를 실행했으나 반복되지 않고 바로 종료된 것을 알 수 있다.

4.6 반복부에서 나오기(Break) 명령어 응용 예제

4.6.1 반복부에서 나오기(Break) 명령어 응용 예제 – 명령어 설정

 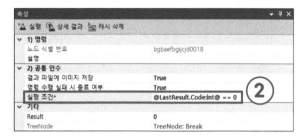

① 이번 예제에서는 이전에 사용한 예제를 그대로 사용하여도 무관하다.

② 선언한 반복부에서 나오기(Break) 명령어의 실행 조건을 @LastResult.
Code:int@ == 0으로 입력한다.

③ 모두 입력하였다면 스크립트 실행 버튼을 클릭하여 스크립트를 실행해 보자.

4.6.2 반복부에서 나오기(Break) 명령어 응용 예제 – 실행 결과

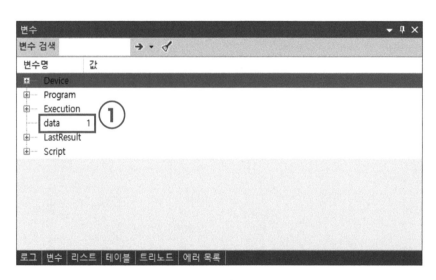

① 예제 실행 결과이다. 반복부에서 나오기(Break) 명령어의 실행 조건이 @
LastResult.Code:int@ == 0이어서 마지막으로 실행된 스크립트가 정상 실행이
되었다면 반복부에서 나오기(Break) 명령어가 실행되어 조건으로 반복(Loop
while) 명령어가 중단되는 것을 알 수 있다.

4.7 반복부 처음으로 돌아가기(Continue if) 명령어 설정

반복부 처음으로 돌아가기 명령어는 주어진 조건이 성립될 때 반복문 처음으로 돌아가는 명령어이다. 주로 예외 상황을 처리해야 하는 경우나 특정 상황에 처음부터 다시 반복해야 하는 경우 사용된다.

다음 예제를 통해 조건으로 반복 명령어인 Continue if 명령어를 선언하고 예제를 수행하여 익숙해지도록 하자.

4.7.1 반복부 처음으로 돌아가기(Continue if) 명령어 선언 방법 – 변수, 반복문 설정

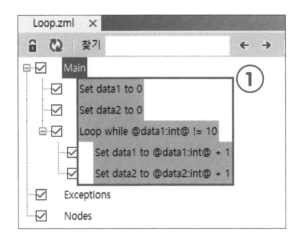

① 이번 예제를 진행하기 위해 다음과 같이 스크립트 명령어를 생성해 보자.

② 먼저 변수를 2개 선언하여 변수명은 사용자 임의로, 정의는 0, 형식은 int로 입력한다.

③ 조건으로 반복(Loop while) 명령어를 선언하여 조건식을 다음과 같이 입력한다.
@변수명:int@ != 10

④ 방금 선언한 변수 2개를 조건으로 반복(Loop while) 명령어에 ClickAndDrag 하여 하위 노드로 복사한다. 복사된 명령어의 정의는 @변수명:int@ + 1로 입력한다.

4.7.2 반복부 처음으로 돌아가기(Continue if) 명령어 선언 방법
– 명령어 선언

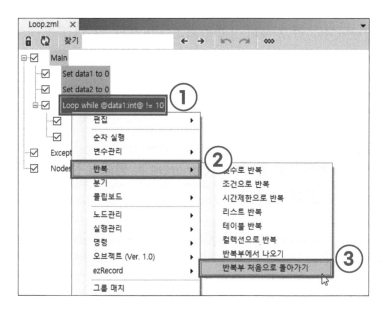

① 방금 선언한 조건으로 반복(Loop while) 명령어를 우클릭하여 명령어 목록을 확인한다.

② 확인된 명령어 목록 중 반복을 클릭하여 반복 명령어를 확인한다.

③ 확인된 반복 명령어 목록 중 반복부 처음으로 돌아가기를 클릭하여 반복부 처음으로 돌아가기(Continue if)를 선언한다.

4.7.3 반복부 처음으로 돌아가기(Continue if) 명령어 선언 방법
– 명령어 속성

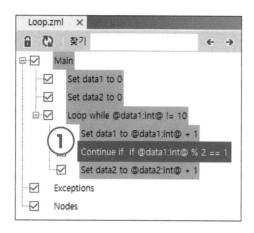

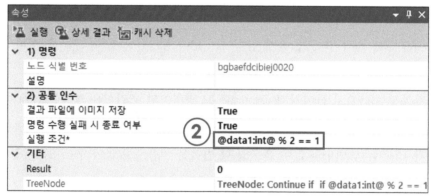

① 선언된 반복부 처음으로 돌아가기(Continue if) 명령어를 확인한다.

② 반복부 처음으로 돌아가기(Continue if) 명령어는 큰 특징을 가진 속성값이 없다.

③ 선언된 반복부 처음으로 돌아가기(Continue if) 명령어의 실행 조건을 @변수
명:int@ % 2 == 1로 입력한다. 사용되는 변수는 조건으로 반복(Loop while) 명령
어에 사용된 변수와 같은 변수를 사용한다.

④ 선언된 스크립트 명령어의 순서를 잘 확인하고 모두 입력했다면 실행 버튼을 클
릭하여 스크립트를 실행해 보자.

4.7.4 반복부 처음으로 돌아가기(Continue if) 명령어 선언 방법
– 실행 결과

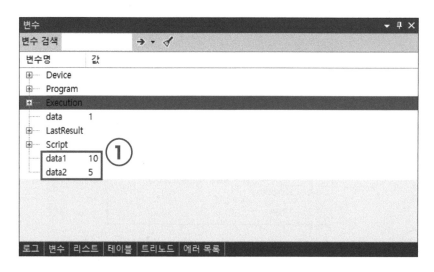

① 예제 실행 결과이다. 첫 번째 명령어는 10이 증가한 것을 확인할 수 있다. 반면 두 번째 변수는 5만큼 증가하였다.

② 반복부 처음으로 돌아가기(Continue if) 명령어의 조건식은 @변수명:int@ % 2 == 1의 형태로 선언되었다. 따라서 조건식으로 사용된 변수를 2로 나눈 나머지 가 1일 때, 즉 변수의 값이 홀수일 때 반복문 처음으로 돌아가는 조건식인 것이 다. 다시 말해 두 번째 변수는 짝수의 개수라고 할 수 있다.

4.8 반복부 처음으로 돌아가기(Continue if) 명령어 응용 예제

4.8.1 반복부 처음으로 돌아가기(Continue if) 명령어 응용 예제
  – 명령어 설정

① 이번 예제에서는 이전 예제에서 사용한 스크립트를 그대로 사용해도 무관하다.

② 선언되어 있는 반복부 처음으로 돌아가기(Continue if) 명령어의 실행 조건을 다음과 같이 입력한다.

```
{
    int a = @변수명:int@; // 조건으로 반복(Loop while)에 사용된 변수
    if(a % 2 == 1) return true;
    else return false;
}
```

이 C# 코드는 조건식으로 사용한 변수의 값이 홀수일 때 true 값을 return 하고 짝수일 때 false 값을 return 한다. 즉 홀수일 때 실행되어 반복부 처음으로 돌아가는 것이다.

③ 모두 입력하였다면 실행 버튼을 클릭하여 실행해 보자.

4.8.2 반복부 처음으로 돌아가기(Continue if) 명령어 응용 예제
– 변수 설정

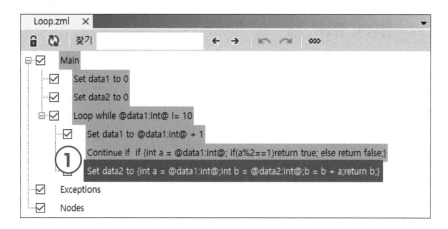

① 반복부 처음으로 돌아가기(Continue if) 명령어 다음으로 선언되어 있는 변수의
형식을 string으로 속성값을 다음과 같이 입력해 주도록 하자.

```
{
    int a = @변수명1:int@;
    int b = @변수명2:int@;
    b = b + a;
    return b;
}
```

이 C# 코드는 반복부 처음으로 돌아가기(Continue if) 명령어의 조건식을 통과한
짝수 값을 모두 더하도록 하는 코드이다.

4.8.3 반복부 처음으로 돌아가기(Continue if) 명령어 응용 예제
– 실행 결과

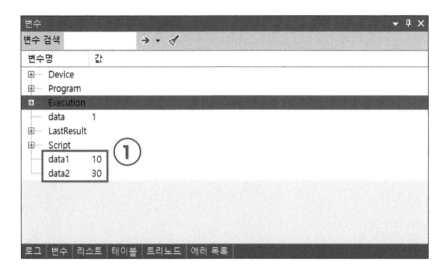

① 예제 실행 결과이다. 활용한 2개의 C# 코드에 따라 반복부 처음으로 돌아가기 (Continue if) 명령어의 조건식에서 짝수 값을 찾아 다음 변수에 선언된 C# 코 드에서 짝수 값을 모두 더하기 때문에 결과는 첫 번째 조건식에 사용된 변수의 값은 10, 두 번째 선언된 변수의 값은 0~10까지의 모든 짝수를 더한 값인 30이 된다.

② 반복부 처음으로 돌아가기(Continue if) 명령어에는 일반적인 조건식, 변숫값 외 에도 C# 코드가 활용 가능하다.

CHAPTER 5

조건문 정의

5.1 분기(Branch) 명령어 설정

조건문의 경우 다양한 경우에 자주 사용되는데, 주로 조건에 따라 분기를 나눠야 하거나 여러 가지 조건에 따라 경우의 수가 나눠지는 경우, 다양한 상황에 맞춰 별도의 대응을 해야 하는 경우 사용되며, 위와 같은 상황이 굉장히 많기 때문에 자주 사용된다.

다음 예제를 통해 조건으로 분기 명령어인 Branch 명령어를 선언하고 예제를 수행하여 익숙해지도록 하자.

5.1.1 분기(Branch) 명령어 선언 방법 – 변수 설정, 조건문 선언

① 이번 챕터에서는 분기(Branch) 명령어를 사용한다. 먼저 분기(Branch) 명령어를 선언하기 전 변수를 하나 선언한다. 변수명은 임의로 지정해도 무관하다. 정의는 1, 형식은 int로 입력한다.

② 선언한 변수를 우클릭하여 명령어 목록을 확인한다.

③ 확인한 명령어 목록 중 분기를 클릭한다.

5.1.2 분기(Branch) 명령어 선언 방법 – 조건문 설정

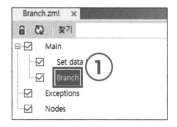

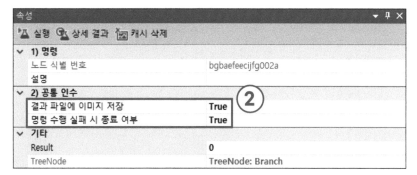

① 선언된 분기(Branch) 명령어를 확인한다.

② 분기(Branch) 명령어에는 마땅한 인수 값을 넣을 속성값이 없다. 분기(Branch)
   명령어를 사용하는 방법은 다음과 같다 예제를 따라 진행해 보자.

5.1.3 분기(Branch) 명령어 선언 방법 – 조건문의 조건 추가

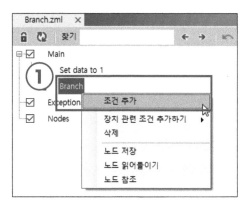

① 선언한 분기(Branch) 명령어를 우클릭하면 분기(Branch) 명령어 목록을 확인할
   수 있다. 확인된 명령어 분기(Branch) 명령어 목록 중 조건 추가를 클릭해 보자.

5.1.4 분기(Branch) 명령어 선언 방법 – 명령어 속성

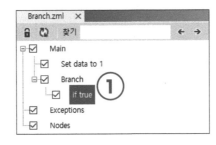

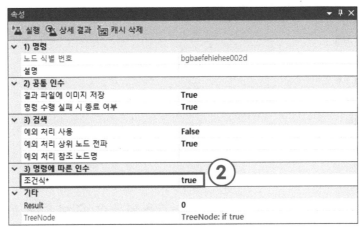

① 선언된 if 명령어를 확인한다.

② if 명령어의 역할은 일반 프로그래밍 코드에서와 동일하다. 조건식을 입력받고 입력받은 조건식에 따라 True일 때 실행되고, False일 때 실행되지 않는다.

5.1.5 분기(Branch) 명령어 선언 방법 – 변수를 하위 노드로 복사

① if 명령어를 선언했다면 미리 선언해 뒀던 변수를 if 명령어에 ClickAndDrag 하여 이동, 복사 명령어를 확인한다.

② 이동, 복사 명령어 중 하위 노드로 복사를 클릭하여 선언한 변수를 복사한다.

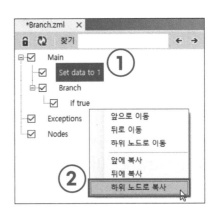

③ 복사한 변수의 정의를 20으로 입력한다.

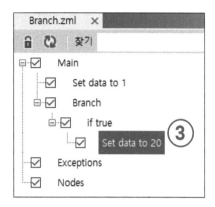

④ 모두 입력했다면 if 명령어를 클릭한 후 Ctrl + C, Ctrl + V로 복사, 붙여넣기를 하여 그림과 같이 스크립트를 구성한다.

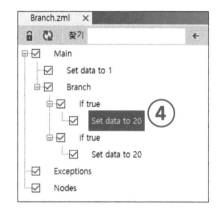

5.1.6 분기(Branch) 명령어 선언 방법 − 조건문의 조건 설정

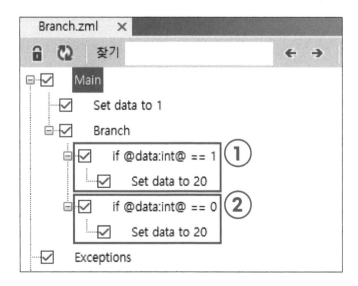

① if 명령어를 모두 복사했다면 조건식을 추가해 보자. 첫 번째 if 명령어의 조건식
은 **@변수명:int@** == 1로 입력한다. 첫 번째 조건식의 하위 노드에 변수의 정의
는 사용자가 임의로 입력해도 무관하다.

② 두 번째 if 명령어의 조건식은 **@변수명:int@** == 0으로 입력한다. 두 번째 조건식
의 하위 노드에 변수의 정의는 사용자가 임의로 입력해도 무관하다. 다만 차이
를 확인하기 위해 첫 번째 변수와는 다르게 입력한다.

③ 모두 입력했다면 실행 버튼을 클릭하여 실행해 보자.

5.1.7 분기(Branch) 명령어 선언 방법 – 실행 결과

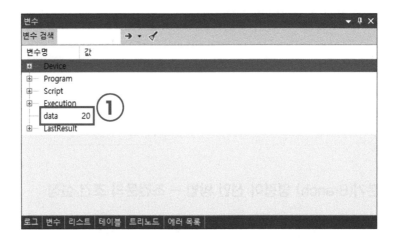

① 실행 결과이다. 처음 선언한 변수의 정의가 1로 입력되었기 때문에 @변수
명:int@ == 1의 조건식을 가진 if 명령어가 실행되어 변수의 정의가 20으로 입력
되어 있는 것을 확인할 수 있다.

5.2 분기(Branch) 명령어 응용 예제

5.2.1 분기(Branch) 명령어 응용 예제 – 변수 설정

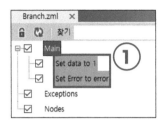

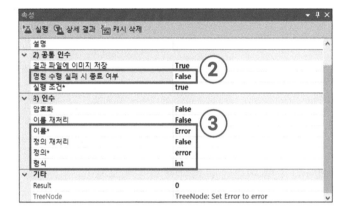

① 이번 예제에서는 먼저 2개의 변수를 선언한다. 변수명은 사용자 임의로 입력해도 무관하다. 첫 번째 변수는 정의는 1, 형식은 int로 입력한다.

② 두 번째 변수는 의도적으로 오류를 일으키기 위한 변수이다. 먼저 명령 수행 실패 시 종료 여부를 False로 입력한다. 정의는 문자열 값을 입력하고, 형식은 int로 입력한다.

5.2.2 분기(Branch) 명령어 응용 예제 – 조건문 설정

① 변수를 모두 선언했다면 분기(Branch) 명령어를 선언하여 if 명령어를 2개 선언한다.

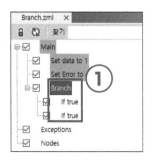

② 선언된 2개의 if 명령어에 미리 선언해 둔 명령어를 하위 노드로 복사하여 정의를 각각 다르게 입력한다.

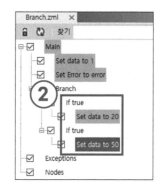

③ 선언된 if 명령어에 조건식을 입력하여 준다.
첫 번째 조건식은 @LastResult.Code:int@ == 0로 입력한다.
두 번째 조건식은 @LastResult.Code:int@ == -1로 입력한다.

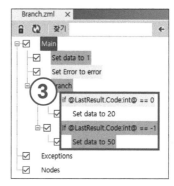

④ 모두 입력했다면 실행 버튼을 클릭하여 실행해 보자.

5.2.3 분기(Branch) 명령어 응용 예제 – 실행 결과

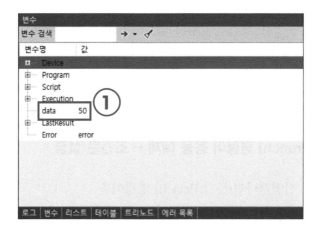

① 예제 실행 결과이다. 마지막으로 실행된 Result 값이 –1이기 때문에 @LastResult.Code:int@ == -1 의 조건식을 가진 if 명령어가 실행되어 변수의 값이 50으로 입력된 것을 확인할 수 있다.

5.3 스크립트 종료(Exit) 명령어 설정

스크립트 종료 명령어는 실행되었을 때 스크립트를 종료하는 아주 단순한 기능을 가지고 있는데, 주로 오류가 발생하거나 업무를 더 이상 수행할 수 없다고 판단되는 상황에 주로 사용된다.

다음 예제를 통해 스크립트 종료 명령어인 Exit 명령어를 선언하고 예제를 수행하여 익숙해지도록 하자.

5.3.1 스크립트 종료(Exit) 명령어 선언 방법 – 변수, 반복문 선언

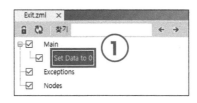

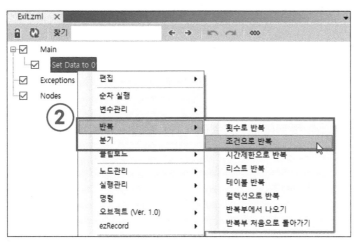

① 이번 챕터에서는 실행 관리 명령어를 사용한다. 예제 진행을 위해 먼저 변수를 하나 선언한다. 선언한 변수의 변수명은 임의로 지정해도 무관하다. 정의는 0, 형식은 int로 입력한다.

② 선언한 변수를 우클릭하여 명령어 목록을 확인하고, 확인된 명령어 목록 중 반복을 클릭하여 반복 명령어를 확인한다. 반복 명령어 중에서 조건으로 반복(Loop while) 명령어를 클릭하여 선언한다.

5.3.2 스크립트 종료(Exit) 명령어 선언 방법 – 반복문 설정

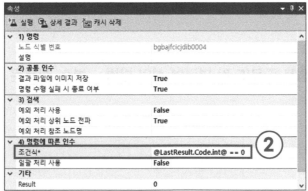

① 방금 선언한 조건으로 반복(Loop while) 명령어에 조건식을 다음과 같이 입력한다.

② @LastResult.Code:int@ == 0을 입력한다.

5.3.3 스크립트 종료(Exit) 명령어 선언 방법 – 변수의 하위 노드로 복사

① 처음 선언했던 변수를 조건으로 반복(Loop while) 명령어에 ClickAndDrag 하여 하위 노드로 복사한다.

5.3.4 스크립트 종료(Exit) 명령어 선언 방법 – 변수 설정

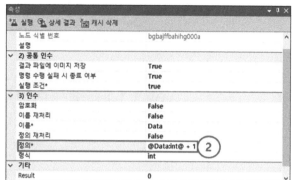

① 복사된 명령어의 정의를 다음과 같이 입력한다.

② @변수명:int@ + 1로 정의를 입력한다.

5.3.5 스크립트 종료(Exit) 명령어 선언 방법 – 명령어 선언

① 복사한 변수의 정의를 입력했다
　면 복사한 변수를 우클릭하여 명
　령어 목록을 확인한다.

② 확인한 명령어 목록 중 실행 관리
　를 클릭하여 실행 관리 명령어 목
　록을 확인한다.

③ 확인한 명령어 목록 중 스크립트
　종료를 클릭한다.

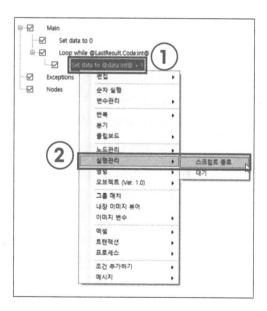

5.3.6 스크립트 종료(Exit) 명령어 선언 방법 – 명령어 속성

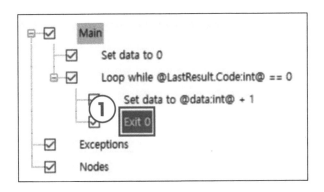

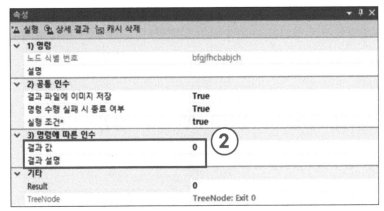

① 선언된 스크립트 종료(Exit) 명령어를 확인한다.

② 스크립트 종료(Exit) 명령어는 결괏값, 결과 설명 인수를 입력한다. 결괏값은 0을
   사용하며 그 외의 값들은 전부 스크립트 비정상 종료이다. 결과 설명은 스크립트
   종료(Exit) 명령어에 대한 설명을 의미한다. 왜 종료되었는지를 입력하여 스크립
   트의 유지 보수, 가독성 증가를 위해 사용한다.

5.3.7 스크립트 종료(Exit) 명령어 선언 방법 – 실행 결과

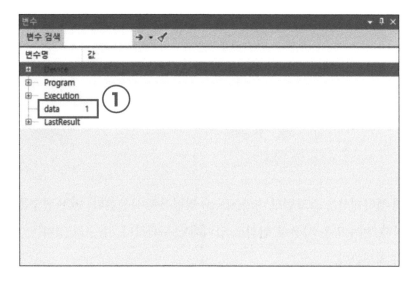

① 예제 실행 결과이다. 조건으로 반복(Loop while)의 조건식은 @LastResult.
Code:int@ == 0임으로 이 조건식을 가진 반복문은 무한 루프이다. 하지만 반복
문 내부에 있는 스크립트 종료(Exit) 명령어가 실행되었기 때문에 변수의 값이 1
만 증가한 것을 알 수 있다.

② 스크립트 종료(Exit) 명령어는 실행될 때 문자 그대로 스크립트를 종료해 버리는
기능을 수행한다. 주로 사용되는 구간은 갑작스럽게 오류가 발생하는 구간에 스
크립트 종료(Exit) 명령어를 사용한다.

5.4 스크립트 대기(Sleep) 명령어 설정

스크립트 대기 명령어는 입력된 시간만큼 정지한 후 스크립트를 진행하게 하는
명령어이며, 주로 스크립트의 안정성을 위해 사용된다.

다음 예제를 통해 스크립트 대기 명령어인 Sleep 명령어를 선언하고 예제를 수행
하여 익숙해지도록 하자.

5.4.1 스크립트 대기(Sleep) 명령어 선언 방법 − 변수, 반복문 선언

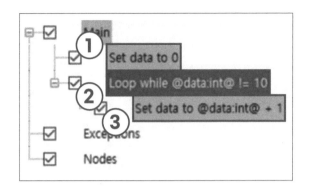

① 이번 챕터에서는 스크립트 대기(Sleep) 명령어를 사용한다. 먼저 변수를 하나 선언한다. 변수명은 사용자 임의로 입력해도 무관하다. 변수의 정의는 0, 형식은 int로 입력한다.

② 변수를 선언했다면 반복 명령어 중 조건으로 반복(Loop while) 명령어를 선언한다. 선언된 반복문의 조건식을 @변수명:int@ != 10으로 입력한다.

③ 조건으로 반복(Loop while) 명령어를 선언했다면 처음 선언한 변수를 반복문에 ClickAndDrag 하여 하위 노드로 복사한다. 복사된 변수의 정의를 @변수명:int@ + 1의 형태로 입력한다.

5.4.2 스크립트 대기(Sleep) 명령어 선언 방법 − 명령어 선언

① 하위 노드로 복사한 명령어를 우클릭하여 명령어 목록을 확인한다.

② 확인한 명령어 목록 중 실행 관리를 클릭하여 실행 관리 명령어 중 대기를 클릭한다.

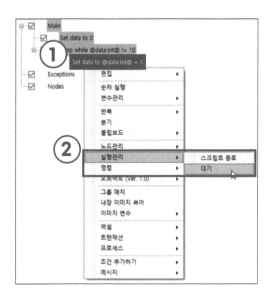

5.4.3 스크립트 대기(Sleep) 명령어 선언 방법 – 명령어 설정

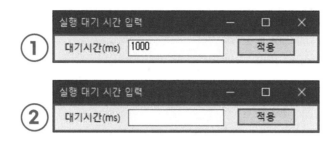

① 실행 관리 명령어 중 대기를 클릭하면 실행 대기 시간 입력 팝업이 나온다.

② 실행 대기 시간 입력 팝업에 대기 시간을 1000으로 입력한다. 시간 단위는 ms이
다. 1000은 1초에 해당한다.

5.4.4 스크립트 대기(Sleep) 명령어 선언 방법 – 명령어 속성

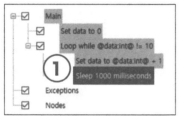 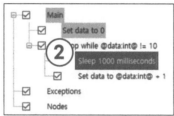

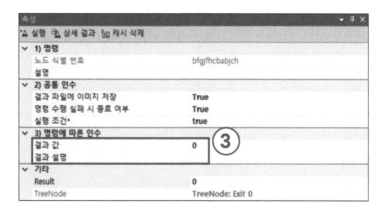

① 선언된 스크립트 대기(Sleep) 명령어를 확인한다.

② 선언된 스크립트 대기(Sleep) 명령어를 ClickAndDrag 하여 한 칸 위로 올려 준다.

③ 스크립트 대기(Sleep) 명령어에는 대기 시간 값을 입력해 줄 수 있다. 선언 단계
에서 대기 시간을 잘못 입력해도 값을 다시 입력하여 수정할 수 있다.

5.4.5 스크립트 대기(Sleep) 명령어 선언 방법 – 실행 결과

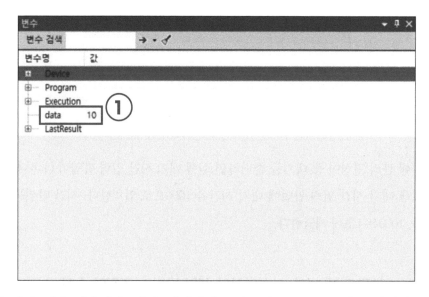

① 예제 실행 결과이다. 반복 명령어의 @변수명:int@ != 10의 조건식과 @변수
   명:int@ + 1의 정의를 가진 변수에 의해 변수의 값은 반복 명령어가 실행될 때마
   다 1씩 증가하여 10까지 증가하게 된다.
② 반복문 챕터에서의 진행 시간과 현재 챕터에서의 진행 시간, 즉 스크립트 대기
   (Sleep)의 유, 무에 따라 생기는 시간 차이에 집중하여 확인해 보자.

CHAPTER 6

이미지 기반 명령어 정의

CHAPTER
06
Robotic Process Automation
이미지 기반 명령어 정의

6.1 이미지 기반 명령어 설정

이미지 기반 명령어는 화면 상단 툴바를 통해 사용할 수 있다. 주로 스크립트로 선언되는 명령어들로 업무 프로세스를 완성하기 어려운 경우 사용되며 키모드 입력, 마우스 클릭, 화면상의 이미지 확인 등 다양한 기능을 지원한다.

다음 예제를 통해 이미지 기반 명령어를 선언하고 예제를 수행하여 익숙해지도록 하자.

사용자 툴 명칭	기능
사용자 모드	이미지 레코딩 툴을 사용하지 않는 디폴트 상태
오브젝트 자동 레코딩 (오브젝트 2.0 명령어)	마우스의 동작을 자동으로 스크립트로 전환해 주는 기능, 윈도우/웹에서의 오브젝트를 대상으로 함.
이미지 패턴 수동 레코딩	특정 이미지가 화면에서 검색되었을 때, 지정된 동작을 하도록 구성
이미지 뷰어 레코딩	파일로 저장된 이미지를 화면에 불러와서, 지정된 동작을 하도록 구성

옵션 툴 명칭	기능
메인폼 활성화	스크립트 작성 창이 최소화되어 있을 때, 이를 활성화 시켜주는 단순 기능
설정	Toolbar 이용한 스크립트 생성을 보조하는 4개의 옵션
숨기기	Toolbar 자체가 이미지 매치 영역 등, 방해가 될 때 숨겨 주는 기능

6.1.1 이미지 기반 명령어 선언 방법

① 왼쪽부터 사용자 모드, 오브젝트 자동 레코딩(오브젝트 2.0 명령어), 이미지 패
턴 수동 레코딩, 이미지 뷰어 레코딩 아이콘이다.
② 왼쪽부터 메인폼 활성화, 설정, 숨기기 아이콘이다.
③ 이번 챕터에서는 이미지 기반 명령어를 사용하기 때문에 프로그램을 실행하면
같이 나오는 Toolbar를 사용하게 된다.

6.1.2 이미지 기반 명령어 선언 방법

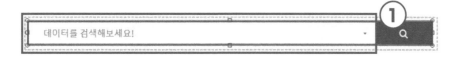

① 이번 챕터에서 사용할 이미지 기반 명
령어는 Toolbar의 이미지 패턴 수동 레
코드 모드에서 사용 가능한 명령어이
다. 수동 레코딩 모드를 실행한 후 우클
릭 후 드래그를 사용하여 지정할 수 있
는 영역인 붉은색 선으로 지정된 영역은
매치 영역이다. 이미지 기반 명령어를
실행할 때 매치 영역으로 지정된 좌표를
기반으로 스크립트를 실행한다. 단순히
매치 영역만 사용하였다면 화면 전체를
기준으로 지정된 매치 영역을 검색한다.

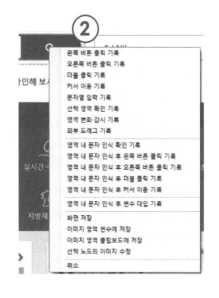

② 수동 레코드 상태에서 Ctrl + 좌클릭 후 드래그로 사용할 수 있는 영역인 하늘색
점선으로 지정된 영역은 템플릿 영역이다. 매치 영역과 함께 사용되어야 하며,
화면 전체를 기준으로 지정하는 매치 영역을 템플릿 영역과 함께 사용하면 화면

전체가 아닌 템플릿 영역에서 매치 영역을 검색하기 때문에 더 빠른 스크립트 동작이 가능하다.

③ 매치 영역 내부를 우클릭하면 이미지 기반 명령어 목록을 확인할 수 있다.

6.2 매치 후 좌클릭 기록(MatchAndClickL) 명령어 설정

6.2.1 매치 후 좌클릭 기록(MatchAndClickL) 명령어 선언 방법 – 명령어 선언

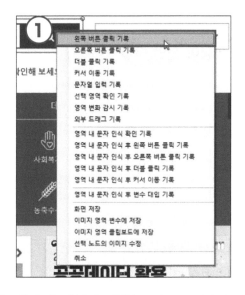

① 이번 예제에서는 매치 후 좌클릭 기록(MatchAndClickL) 명령어를 사용한다. 먼저 인터넷 접속 후 https://www.data.go.kr로 접속한다.

② 접속한 사이트에서 이미지 패턴 수동 레코드를 실행, 수동 레코드를 실행한 후에 검색 창을 클릭 후 드래그하여 검색창 전체를 매치 영역으로 지정한다.

③ 지정된 매치 영역 내부 검색 버튼을 우클릭하여 이미지 기반 명령어 목록을 확인한다.

④ 이미지 기반 명령어 목록 중 왼쪽 버튼 클릭 기록을 클릭한다.

6.2.2 매치 후 좌클릭 기록(MatchAndClickL) 명령어 선언 방법
– 명령어 속성

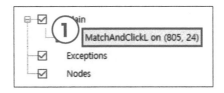

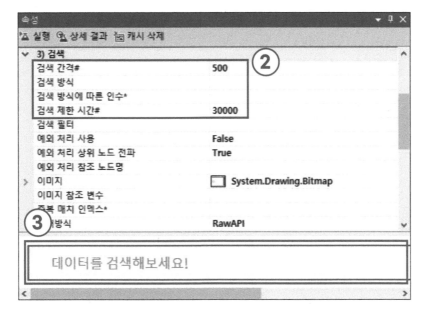

① 생성된 매치 후 좌클릭 기록(MatchAndClickL) 명령어를 확인한다. 명령어의 괄호 안에 있는 값은 명령어의 동작이 실행될 기준 좌푯값이다. 기준 좌푯값은 명령어 선언 전 명령어 목록을 확인할 때의 커서 위치를 기반으로 한다.

② 매치 후 좌클릭 기록(MatchAndClickL)의 속성값에서 사용자가 바꿔 주는 값은 주로 검색 간격과 검색 제한 시간이다. 검색 간격은 검색하는 주기를 설정하며, 검색 제한 시간은 검색하는 제한 시간이다.

③ 수동 레코드 모드에서 지정한 매치 영역이 이미지로 입력되어 있다. 입력된 이미지를 기반으로 명령어를 수행하는 것이다.

6.2.3 매치 후 좌클릭 기록(MatchAndClickL) 명령어 선언 방법
– 실행 결과

① 예제 실행 결과이다. 매치 영역을 검색한 후 입력된 좌표를 좌클릭하는 스크립트 동작이 실행된다.

② 스크립트 실행 후 아무런 동작이 없다면 예제 준비 단계에서 열었던 웹페이지(공공데이터 포털)를 다시 화면에 올려 주면 동작을 한다.

③ 예제를 잘 따라왔다면 검색 버튼을 좌클릭하기 때문에 다음과 같은 결과가 확인된다.

④ 만약 명령어 목록을 호출하였을 때 커서의 위치가 잘못되었다면 예제는 올바른 결과가 나오지 않을 수 있다.

⑤ 예제 실행 시 오류를 방지하기 위해 웹페이지를 열어 놓은 후 RPA를 실행하여 스크립트를 작성하면 좋다.

6.3 매치 후 우클릭 기록(MatchAndClickR) 명령어 설정

6.3.1 매치 후 우클릭 기록(MatchAndClickR) 명령어 선언 방법 – 명령어 선언

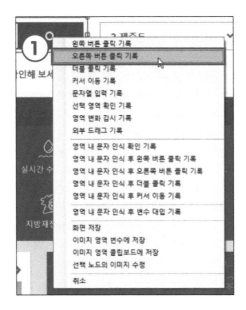

① 이번 예제에서는 매치 후 우클릭 기록(MatchAndClickR) 명령어를 사용한다. 먼 저 인터넷 접속 후 https://www.data.go.kr로 접속한다.

② 접속한 사이트에서 이미지 패턴 수동 레코드를 실행, 수동 레코드를 실행한 후에 검색 창을 클릭 후 드래그하여 검색 창 전체를 매치 영역으로 지정한다.

③ 지정된 매치 영역 내부 검색 버튼을 우클릭하여 이미지 기반 명령어 목록을 확 인한다.

④ 이미지 기반 명령어 목록 중 오른쪽 버튼 클릭 기록을 클릭한다.

6.3.2 매치 후 우클릭 기록(MatchAndClickR) 명령어 선언 방법
– 명령어 속성

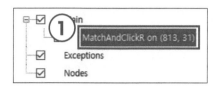

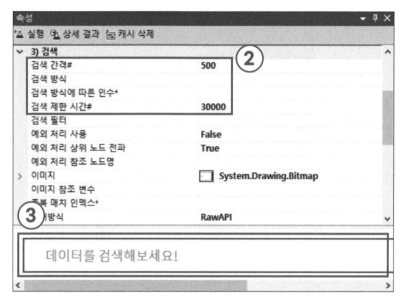

① 생성된 매치 후 우클릭 기록(MatchAndClickR) 명령어를 확인한다. 명령어의 괄
호 안에 있는 값은 명령어의 동작이 실행될 기준 좌푯값이다. 기준 좌푯값은 명
령어 선언 전 명령어 목록을 확인할 때의 커서 위치를 기반으로 한다.

② 매치 후 우클릭 기록(MatchAndClickR)의 속성값에서 사용자가 바꿔 주는 값은
주로 검색 간격과 검색 제한 시간이다. 검색 간격은 검색하는 주기를 설정하며,
검색 제한 시간은 검색하는 제한 시간이다.

③ 수동 레코드 모드에서 지정한 매치 영역이 이미지로 입력되어 있다. 입력된 이
미지를 기반으로 명령어를 수행하는 것이다.

6.3.3 매치 후 우클릭 기록(MatchAndClickR) 명령어 선언 방법
– 실행 결과

① 예제 실행 결과이다. 매치 영역을 검색한 후 입력된 좌표를 우클릭하는 스크립트 동작이 실행된다.

② 스크립트 실행 후 아무런 동작이 없다면 예제 준비 단계에서 열었던 웹페이지(공공데이터 포털)를 다시 화면에 올려 주면 동작을 한다.

③ 예제를 잘 따라왔다면 검색 버튼을 우클릭하기 때문에 다음과 같은 결과가 확인된다.

④ 만약 명령어 목록을 호출하였을 때의 커서의 위치가 잘못되었다면 예제는 올바른 결과가 나오지 않을 수 있다.

⑤ 예제 실행 시 오류를 방지하기 위해 웹페이지를 열어 놓은 후 RPA를 실행하여 스크립트를 작성하도록 하면 좋다.

6.4 더블클릭 기록(MatchAndDClickL) 명령어 설정

6.4.1 더블클릭 기록(MatchAndDClickL) 명령어 선언 방법
– 명령어 선언

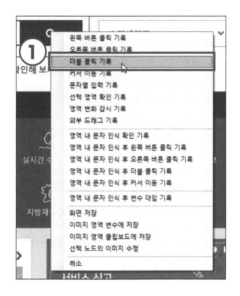

① 이번 예제는 더블클릭 기록 (MatchAndDClickL) 명령어를 사용한다. 먼저 인터
넷 접속 후 https://www.data.go.kr로 접속한다.

② 접속한 사이트에서 이미지 패턴 수동 레코드를 실행, 수동 레코드를 실행한 후에
검색 창을 클릭 후 드래그하여 검색 창 전체를 매치 영역으로 지정한다.

③ 지정된 매치 영역 내부 검색 버튼을 우클릭하여 이미지 기반 명령어 목록을 확
인한다.

④ 이미지 기반 명령어 목록 중 더블클릭 기록을 클릭한다.

6.4.2 더블클릭 기록(MatchAndDClickL) 명령어 선언 방법
– 명령어 속성

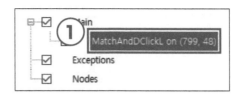

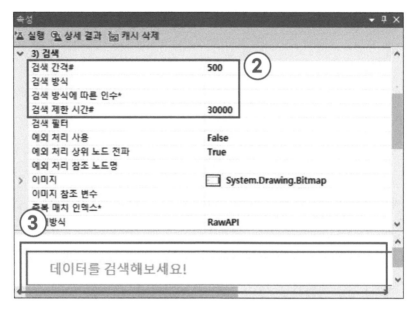

① 생성된 더블클릭 기록(MatchAndDClickL) 명령어를 확인한다. 명령어의 괄호 안
에 있는 값은 명령어의 동작이 실행될 기준 좌푯값이다. 기준 좌푯값은 명령어
선언 전 명령어 목록을 확인할 때의 커서 위치를 기반으로 한다.

② 더블클릭 기록(MatchAndDClickL) 명령어의 속성값에서 사용자가 바꿔 주는 값
은 주로 검색 간격과 검색 제한 시간이다. 검색 간격은 검색하는 주기를 설정하
며, 검색 제한 시간은 검색하는 제한 시간이다.

③ 수동 레코드 모드에서 지정한 매치 영역이 이미지로 입력되어 있다. 입력된 이
미지를 기반으로 명령어를 수행하는 것이다.

6.4.3 더블클릭 기록(MatchAndDClickL) 명령어 선언 방법 – 실행 결과

① 예제 실행 결과이다. 매치 영역을 검색한 후 입력된 좌표를 더블클릭하는 스크립트 동작이 실행된다.

② 스크립트 실행 후 아무런 동작이 없다면 예제 준비 단계에서 열었던 웹페이지(공공데이터 포털)를 다시 화면에 올려 주면 동작을 한다.

③ 예제를 잘 따라왔다면 검색 버튼을 더블클릭하기 때문에 다음과 같은 결과가 확인된다.

④ 만약 명령어 목록을 호출하였을 때의 커서의 위치가 잘못되었다면 예제는 올바른 결과가 나오지 않을 수 있다.

⑤ 예제 실행 시 오류를 방지하기 위해 웹페이지를 열어 놓은 후 RPA를 실행하여 스크립트를 작성하면 좋다.

6.5 드래그 기록(MatchAndDragL) 명령어 설정

6.5.1 드래그 기록(MatchAndDragL) 명령어 선언 방법 – 명령어 선언

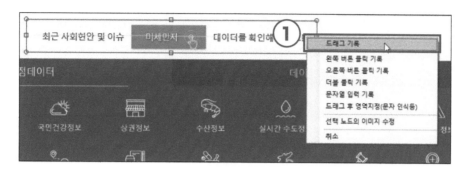

① 이번 예제는 드래그 기록(MatchAndDragL) 명령어를 사용한다. 먼저 인터넷 접속 후 https://www.data.go.kr로 접속한다.

② 접속한 사이트에서 이미지 패턴 수동 레코드를 실행, 수동 레코드를 실행한 후에 검색 창 하단 문구를 클릭 후 드래그하여 문구 전체를 매치 영역으로 지정한다.

③ 지정된 매치 영역 내부 검색 버튼을 우클릭하여 이미지 기반 명령어 목록을 확인한다.

④ 이미지 기반 명령어 목록 중 드래그 기록을 클릭한다.

6.5.2 드래그 기록(MatchAndDragL) 명령어 선언 방법 – 명령어 속성

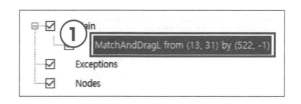

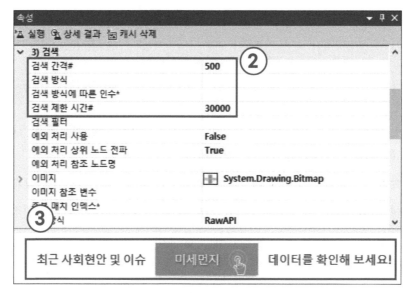

① 생성된 드래그 기록(MatchAndDragL) 명령어를 확인한다. 명령어의 괄호 안에 있는 값은 명령어의 동작이 실행될 기준 좌푯값이다. 기준 좌푯값은 명령어 선언 전 명령어 목록을 확인할 때의 커서 위치를 기반으로 한다.

② 드래그 기록(MatchAndDragL) 명령어의 속성값에서 사용자가 바꿔 주는 값은 주로 검색 간격과 검색 제한 시간이다. 검색 간격은 검색하는 주기를 설정하며 검색 제한 시간은 검색하는 제한 시간이다.

③ 수동 레코드 모드에서 지정한 매치 영역이 이미지로 입력되어 있다. 입력된 이미지를 기반으로 명령어를 수행하는 것이다.

6.5.3 드래그 기록(MatchAndDragL) 명령어 선언 방법 – 실행 결과

① 예제 실행 결과이다. 매치 영역을 검색한 후 입력된 좌표를 드래그하는 스크립트 동작이 실행된다.

② 스크립트 실행 후 아무런 동작이 없다면 예제 준비 단계에서 열었던 웹페이지 (공공데이터 포털)를 다시 화면에 올려 주면 동작을 한다.

③ 예제를 잘 따라왔다면 검색 창 하단 문구를 드래그하기 때문에 다음과 같은 결과가 확인된다.

④ 만약 명령어 목록을 호출하였을 때의 커서의 위치가 잘못되었다면 예제는 올바른 결과가 나오지 않을 수 있다.

⑤ 예제 실행 시 오류를 방지하기 위해 웹페이지를 열어 놓은 후 RPA를 실행하여 스크립트를 작성하도록 하면 좋다.

6.6 문자열 입력 기록(MatchAndWrite) 명령어 설정

6.6.1 문자열 입력 기록(MatchAndWrite) 명령어 선언 방법 – 명령어 선언

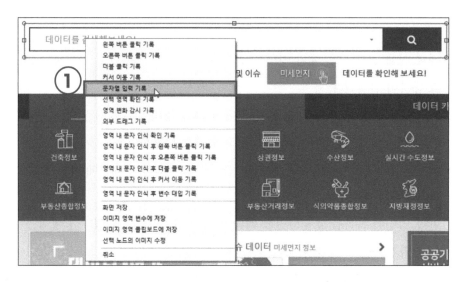

① 이번 예제는 문자열 입력 기록(MatchAndWrite) 명령어를 사용한다. 먼저 인터넷 접속 후 https://www.data.go.kr로 접속한다.

② 접속한 사이트에서 이미지 패턴 수동 레코드를 실행, 수동 레코드를 실행한 후에 검색 창을 클릭 후 드래그하여 검색 창 전체를 매치 영역으로 지정한다.

③ 지정된 매치 영역 내부 검색 버튼을 우클릭하여 이미지 기반 명령어 목록을 확인한다.

④ 이미지 기반 명령어 목록 중 문자열 입력 기록을 클릭한다.

6.6.2 문자열 입력 기록(MatchAndWrite) 명령어 선언 방법 − 명령어 설정

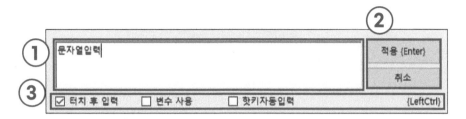

① 문자열 입력 기록(MatchAndWrite)을 클릭하면 다음과 같은 설정 팝업이 나온다. 빈칸에 입력된 문자열을 지정된 좌푯값에 입력하는 기능을 수행한다.

② 적용을 클릭하면 현재 입력된 값을 스크립트 명령어로 생성하여 준다. 원하는 문자열 값을 입력한 후 적용을 클릭하도록 하자. 취소를 클릭하면 현재 작업을 취소하고 돌아간다.

③ 터치 후 입력은 입력된 좌표를 좌클릭 후 입력된 문자열을 입력하는 것에 대한 클릭 여부를 선택한다. 변수 사용은 문자열 입력 단계에서 쌍따옴표를 붙이는지에 대한 여부를 선택한다. 핫키 자동 입력은 팝업 창 우측 끝에 현재 입력한 키보드 값이 자동으로 기록되는데, 이 값을 자동으로 입력하는 것에 대한 여부를 선택한다.

6.6.3 문자열 입력 기록(MatchAndWrite) 명령어 선언 방법 − 명령어 속성

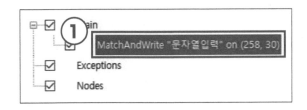

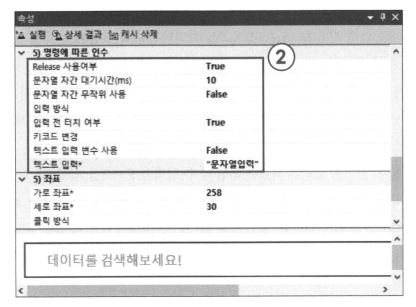

① 생성된 문자열 입력 기록(MatchAndWrite) 명령어를 확인한다.

② 문자열 입력 기록(MatchAndWrite) 명령어 생성 단계에서 설정하였던 것들을 스
크립트 속성에서 변경하여 줄 수 있다. 문자열 자간 대기 시간은 문자열을 입력
하는 속도를 조절한다.

6.6.4 문자열 입력 기록(MatchAndWrite) 명령어 선언 방법 – 실행 결과

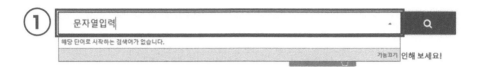

① 예제 실행 결과이다. 매치 영역을 검색한 후 입력된 좌표에 명령어에 입력된 문
　자열 값을 입력하는 스크립트 동작이 실행된다.

② 스크립트 실행 후 아무런 동작이 없다면 예제 준비 단계에서 열었던 웹페이지(공
　공데이터 포털)를 다시 화면에 올려 주면 동작을 한다.

③ 예제를 잘 따라왔다면 검색 창에 입력된 문자열을 입력하기 때문에 다음과 같은
　결과가 확인될 것이다.

④ 만약 명령어 목록을 호출하였을 때의 커서의 위치가 잘못되었다면 예제는 올바
　른 결과가 나오지 않을 수 있다.

⑤ 예제 실행 시 오류를 방지하기 위해 웹페이지를 열어 놓은 후 RPA를 실행하여
　스크립트를 작성하면 좋다.

6.7 문자열 입력 기록(MatchAndWrite) 명령어 응용 예제

6.7.1 문자열 입력 기록(MatchAndWrite) 명령어 응용 예제 1 – 변수 설정

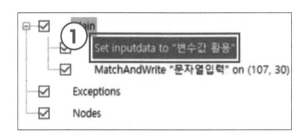

① 이번 응용 예제는 변수 활용 예제이다. 먼저 변수를 한 개 선언하여 준다. 변수명
은 사용자 임의로 입력하여도 무관하다. 변수의 정의는 '변숫값 활용' 혹은 사용
자가 원하는 문자열 값을 입력한다. 형식은 string으로 입력하자.

6.7.2 문자열 입력 기록(MatchAndWrite) 명령어 응용 예제 1 – 명령어 설정

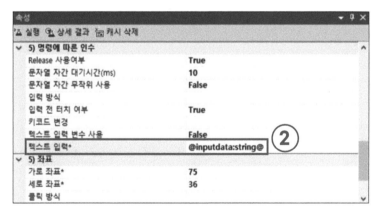

① 이전 예제에서 미리 선언하였던 문자열 입력 기록(MatchAndWrite) 명령어의 속
성값을 다음과 같이 입력한다.

② 문자열 입력 기록(MatchAndWrite) 명령어의 텍스트 입력값을 @변수명:string@ 으로 입력하자.

6.7.3 문자열 입력 기록(MatchAndWrite) 명령어 응용 예제 1 – 실행 결과

① 예제 실행 결과이다. 문자열 입력 기록(MatchAndWrite) 명령어의 문자열 입력 값으로 변수를 활용한 예제이다.

② 제대로 입력값이 입력되는 것을 알 수 있다.

6.7.4 문자열 입력 기록(MatchAndWrite) 명령어 응용 예제 2
– 명령어 복사, 붙여넣기

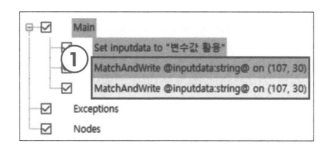

① 이번 예제에서는 핫키를 응용할 것이다. 이전 예제 스크립트를 그대로 사용하여 도 무관하다. 먼저 문자열 입력 기록(MatchAndWrite) 명령어를 Ctrl + C, Ctrl + V 를 눌러 복사 후 붙여 넣어 준다.

6.7.5 문자열 입력 기록(MatchAndWrite) 명령어 응용 예제 2 – 명령어 설정

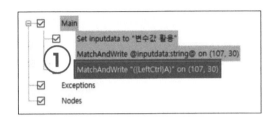

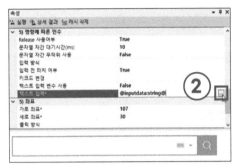

① 복사한 문자열 입력 기록(MatchAndWrite) 명령어의 정의를 입력한다.

② 텍스트 입력 인수의 버튼을 클릭하면 문자열 입력 팝업이 나온다.

③ 문자열 입력 팝업에서 문자열 입력값을 {(LeftCtrl)A}로 입력한다.

6.7.6 문자열 입력 기록(MatchAndWrite) 명령어 응용 예제 2 – 실행 결과

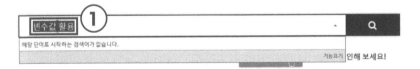

① 예제 실행 결과이다. 이번 예제는 문자열 입력 기록(MatchAndWrite)의 입력값
으로 키보드 커맨드 입력값을 활용한 예제이다.

② 이전 예제처럼 문자열이 입력되고 키보드 커맨드가 입력되어 전체 선택(Ctrl +
A)까지 동작된 것을 확인할 수 있다.

③ 문자열 값 외의 Ctrl, Alt, Shift 등의 키보드 커맨드를 눌러야 할 때에는 중괄호 안
에 넣어 주어야 하며 ({키값}문자값)의 형태로 선언하면 해당 커맨드를 입력값
으로 받는다.

6.8 선택 영역 확인 기록(Match) 명령어 설정

6.8.1 선택 영역 확인 기록(Match) 명령어 선언 방법 – 명령어 선언

① 이번 예제는 선택 영역 확인 기록(Match) 명령어를 사용한다. 먼저 인터넷 접속 후 https://www.data.go.kr로 접속한다.

② 접속한 사이트에서 이미지 패턴 수동 레코드를 실행, 수동 레코드를 실행한 후에 검색 창을 클릭 후 드래그하여 검색 창 전체를 매치 영역으로 지정한다.

③ 지정된 매치 영역 내부 검색 버튼을 우클릭하여 이미지 기반 명령어 목록을 확인한다.

④ 이미지 기반 명령어 목록 중 선택 영역 확인 기록을 클릭한다.

6.8.2 선택 영역 확인 기록(Match) 명령어 선언 방법 – 명령어 속성

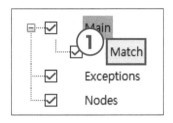

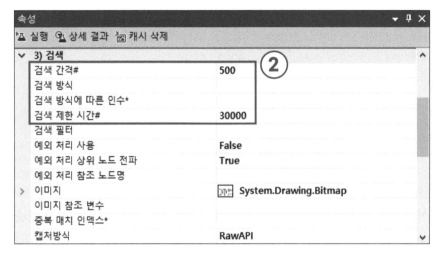

① 생성된 선택 영역 확인 기록(Match) 명령어를 확인한다.

② 선택 영역 확인 기록(Match) 명령어의 속성값에서 사용자가 바꿔 주는 값은 주
로 검색 간격과 검색 제한 시간이다. 검색 간격은 검색 주기를 설정하며 검색 제
한 시간은 검색하는 제한 시간이다.

6.8.3 선택 영역 확인 기록(Match) 명령어 선언 방법 − 실행 결과

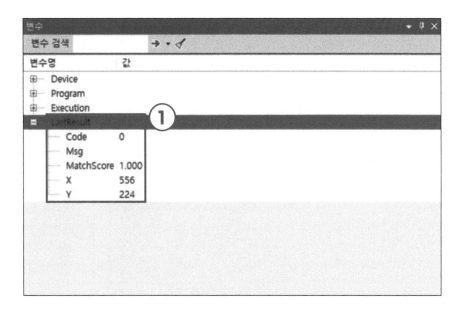

① 예제 실행 결과이다. 선택 영역 확인 기록(Match) 명령어가 실행되어 매치 영역
으로 지정한 이미지가 있는지를 검색하는 동작을 수행한다.

② 표면상 큰 차이는 없지만 LastResult 값을 확인하면 알 수 있는 것처럼 스크립트
는 정상 실행되어 정상 종료되었다.

③ 선택 영역 확인 기록(Match) 명령어는 매치 영역으로 지정된 이미지를 검색하
여 검색한 유무를 판단하는 명령어이다.

6.9 선택 영역 확인 기록(Match) 명령어 응용 예제

6.9.1 선택 영역 확인 기록(Match) 명령어 응용 예제 – 조건문 선언

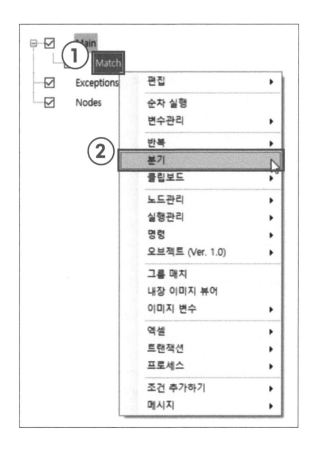

① 이번 예제는 이전 예제의 스크립트를 그대로 사용하여도 무관하다. 선언된 선택
영역 확인 기록(Match) 명령어를 우클릭하여 명령어 목록을 확인한다.

② 우클릭하여 확인한 명령어 목록 중 분기를 클릭한다.

6.9.2 선택 영역 확인 기록(Match) 명령어 응용 예제 – 조건문의 조건 추가

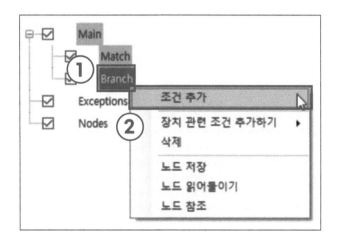

① 선언한 분기(Branch) 명령어에 조건식을 입력하기 위해 우클릭하여 분기
(Branch) 명령어 목록을 확인한다.

② 우클릭하여 확인한 명령어 목록 중 조건 추가를 클릭한다.

6.9.3 선택 영역 확인 기록(Match) 명령어 응용 예제
– 조건문의 조건식 설정

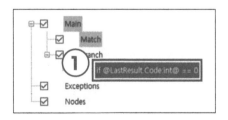

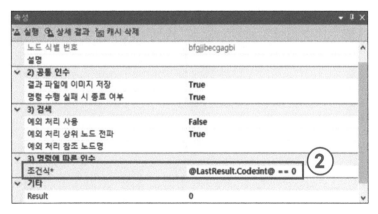

① 선언한 if 조건 명령어에 조건식을 입력한다.

② if 조건 명령어에 @LastResult.Code:int@ == 0 조건식을 입력한다.

6.9.4 선택 영역 확인 기록(Match) 명령어 응용 예제 – 변수 선언

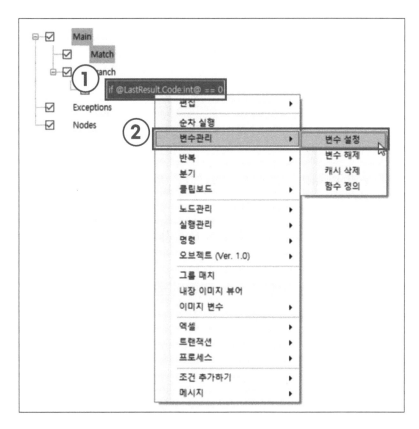

① 선언한 if 조건 명령어를 우클릭하여 명령어 목록을 확인한다.

② 확인한 명령어 목록 중 변수 관리를 클릭한다. 변수 명령어 중 변수 설정을 클릭하여 변수를 선언하여 준다.

6.9.5 선택 영역 확인 기록(Match) 명령어 응용 예제 – 메세지 설정

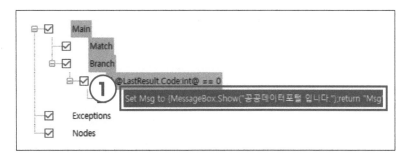

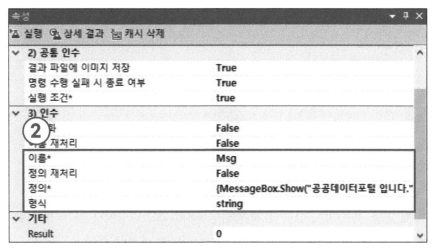

① 선언한 변수의 정의를 다음과 같이 입력한다.

```
{
    MessageBox.Show("공공데이터 포털입니다.");
    return "변수명" // C# 코드를 입력받은 변수명을 입력한다.
}
```

형식은 string으로 선언한다.

6.9.6 선택 영역 확인 기록(Match) 명령어 응용 예제 – 실행 결과

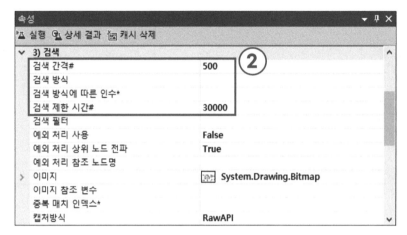

① 예제 실행 결과이다. 선택 영역 확인 기록(Match) 명령어가 동작하고 결괏값에 따라 if 조건 명령어가 실행되는 스크립트 구조를 가진다.

② 매치 영역으로 지정된 로고가 확인되었고 @LastResult.Code:int@ == 0의 조건식을 가진 if 조건 명령어가 실행되어 C# 코드가 실행된 것이다.

③ 이번 예제는 주로 예외 처리 단계에서 자주 쓰이는 스크립트 예제이다. 오류발생, 의도치 않은 변수 발생 시에 출력되는 오류 이미지를 매치 영역으로 지정하여 사용하는데 명령 수행 실패 시 종료 여부를 false로, 검색 제한 시간을 최소화하여 오류가 발생하지 않아도 빠르게 스크립트가 진행되도록 해야한다.

6.10 영역 내 문자 인식 후 변수 대입 기록(ImageToText) 설정

6.10.1 영역 내 문자 인식 후 변수 대입 기록 명령어 선언 방법
  – 명령어 선언

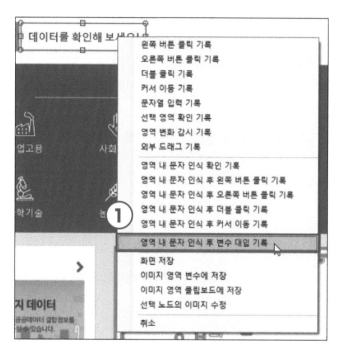

① 이번 예제는 영역 내 문자 인식 후 변수 대입 기록(ImageToText) 명령어를 사용
   한다. 먼저 인터넷 접속 후 https://www.data.go.kr로 접속한다.
② 접속한 사이트에서 이미지 패턴 수동 레코드를 실행, 수동 레코드를 실행한
   후에 검색 창을 클릭 후 드래그하여 검색 창 전체를 매치 영역으로 지정한다.
③ 지정된 매치 영역 내부 검색 버튼을 우클릭하여 이미지 기반 명령어 목록을
   확인한다.
④ 이미지 기반 명령어 목록 중 문자열 입력 기록을 클릭한다.

6.10.2 영역 내 문자 인식 후 변수 대입 기록 명령어 선언 방법 – ImageToText

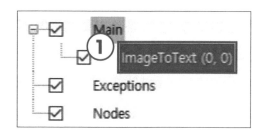

① 생성된 영역 내 문자 인식 후 변수 대입 기록(ImageToText)을 확인한다.

6.10.3 영역 내 문자 인식 후 변수 대입 기록 명령어 선언 방법 – 실행 결과

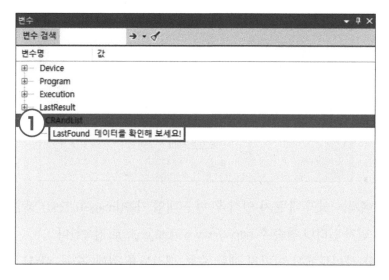

① 예제 실행 결과이다. 영역 내 문자 인식 후 대입 기록(ImageToText) 명령어가 실행되어 지정된 매치 영역에 있는 문자열 값을 OCR로 인식하여 자동으로 변수에 선언된 것을 확인할 수 있다.

② 입력된 변수를 확인하여 보면 "데이터를 확인해 보세요!"라고 입력된 것을 확인할 수 있는데, 항상 이렇게 정확하게 읽어 들이는 것은 사실상 불가능에 가깝다. 이 때문에 사용에 주의해야 하는 명령어이다.

6.11 클립보드에 넣기(setClipboard) 명령어 설정

6.11.1 클립보드에 넣기(setClipboard) 명령어 선언 방법 – 명령어 선언

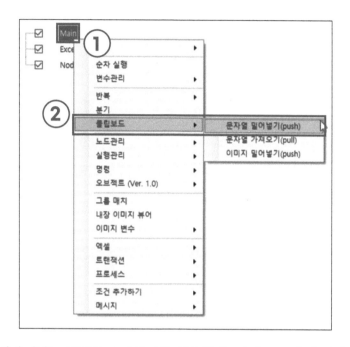

① 이번 챕터에서는 클립보드 명령어를 사용한다. 먼저 Main을 우클릭하여 명령어 목록을 확인한다.

② 확인한 명령어 목록 중 클립보드를 클릭하여 클립보드 명령어를 확인한다. 확인한 클립보드 명령어 중 문자열 밀어넣기(push)를 클릭한다.

6.11.2 클립보드에 넣기(setClipboard) 명령어 선언 방법 – 명령어 속성

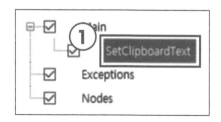

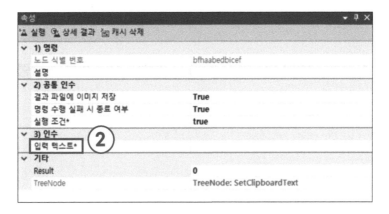

① 선언된 클립보드에 넣기(setClipboard) 명령어를 확인한다.

② 클립보드에 넣기(setClipboard) 명령어는 입력 텍스트의 입력값을 클립보드에
   저장하여 주는 역할을 수행한다.

6.11.3 클립보드에 넣기(setClipboard) 명령어 선언 방법
– 문자열 입력 명령어 선언

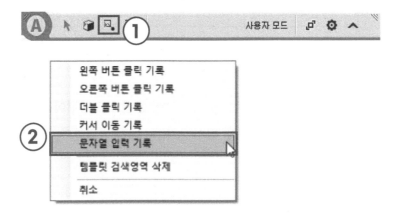

① 클립보드에 넣기(setClipboard) 예제를 진행하기 위해 이미지 기반 명령어 중 문
   자열 입력 기록을 사용해야 한다.

② 메모장을 하나 열고 이미지 패턴 수동 레코드를 실행한다. 메모장 빈칸을 우
   클릭하여 이미지 기반 명령어 목록을 확인한다. 확인한 이미지 기반 명령어
   목록 중 문자열 입력 기록을 클릭한다.

6.11.4 클립보드에 넣기(setClipboard) 명령어 선언 방법
– 문자열 입력 명령어 설정

① 문자열 입력 명령어의 텍스트 입력값은 ({LWin}r) 커맨드를 선언한다.

② 터치 후 입력 체크박스를 풀어 주고 문자열 입력 명령어의 옵션을 다음과 같이 설정한다.

6.11.5 클립보드에 넣기(setClipboard) 명령어 선언 방법
– 문자열 입력 명령어 복사

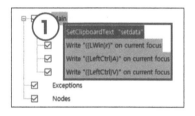

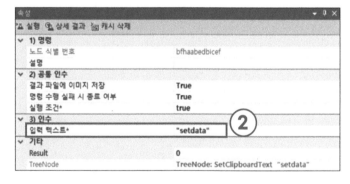

① 미리 선언한 문자열 입력 기록을 Ctrl + C, Ctrl + V로 복사 붙여넣기를 하여 3개의 문자열 입력 기록을 선언한다. 각각 ({LWin}r), ({LeftCtrl}A), ({LeftCtrl}V) 순서로 선언한다.

② 처음에 선언한 클립보드에 넣기(setClipboard) 명령어의 입력 텍스트 값을 원하는 문자열 값으로 입력한다.

6.11.6 클립보드에 넣기(setClipboard) 명령어 선언 방법 – 실행 결과

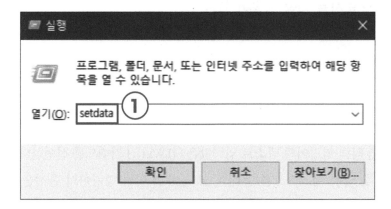

① 클립보드에 넣기(setClipboard) 명령어 예제 실행 결과이다.

② 선언된 클립보드에 넣기(setClipboard) 명령어가 입력된 값을 클립보드에 저장하고 이미지 기반 명령어인 문자열 입력 기록 명령어로 클립보드에 넣기(setClipboard) 명령어의 동작을 확인하기 위해 실행 창을 실행한 후 전체 선택, 붙여넣기로 클립보드 값을 확인한 결과이다.

③ 클립보드에 넣기(setClipboard) 명령어는 클립보드에 입력된 문자열 값을 저장하는 기능을 수행한다.

6.12 클립보드에 넣기(setClipboard) 명령어 응용 예제

6.12.1 클립보드에 넣기(setClipboard) 명령어 응용 예제 – 변수 선언

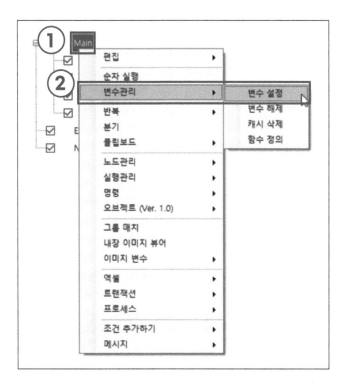

① 이번 예제는 이전 예제에서 사용한 스크립트를 그대로 사용해도 무관하다. 먼저
   Main을 우클릭하여 명령어 목록을 확인한다.

② 확인한 명령어 목록 중 변수 관리를 클릭한다. 변수 관리 명령어 중 변수 설정
   을 클릭하여 변수를 선언한다.

6.12.2 클립보드에 넣기(setClipboard) 명령어 응용 예제 – 변수 설정

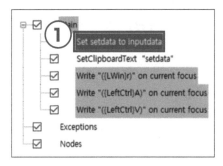 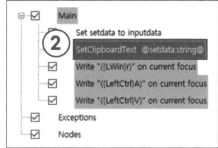

① 선언한 변수의 변수명은 사용자가 임의로 입력해도 무관하다. 정의는 원하는 문자열 값을 입력한다. 형식은 string으로 입력하도록 한다.

② 미리 선언한 클립보드에 넣기(setClipboard) 명령어의 입력값을 @변수명:string@으로 입력한다.

6.12.3 클립보드에 넣기(setClipboard) 명령어 응용 예제 – 실행 결과

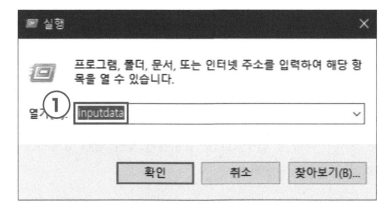

① 예제 실행 결과이다. 선언된 클립보드에 넣기(setClipboard) 명령어가 미리 선언된 변숫값을 클립보드에 저장하고 이미지 기반 명령어인 문자열 입력 명령어로 클립보드에 넣기(setClipboard) 명령어의 동작을 확인하기 위해 실행 창을 실행한 후 전체 선택, 붙여넣기로 클립보드의 값을 확인한 결과이다.

② 클립보드에 넣기(setClipboard) 명령어의 입력값에는 이미 선언한 변수의 값을 활용할 수 있다.

6.13 클립보드에서 가져오기(getClipboard) 명령어 설정

6.13.1 클립보드에서 가져오기(getClipboard) 명령어 선언 방법
－문자열 입력 선언

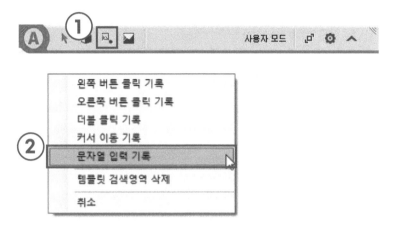

① 이번 예제에서는 클립보드에서 가져오기(getClipboard) 명령어를 사용한다. 예제를 진행하기 위해 이미지 기반 명령어 중 문자열 입력 기록을 사용해야 한다.

② 메모장을 하나 열고 이미지 패턴 수동 레코드를 실행한다.

③ 메모장 빈칸을 우클릭하여 이미지 기반 명령어 목록을 확인한다. 확인한 이미지 기반 명령어 목록 중 문자열 입력 기록을 클릭한다.

6.13.2 클립보드에서 가져오기(getClipboard) 명령어 선언 방법
－문자열 입력 설정

① 문자열 입력 명령어의 텍스트 입력값은 ({LWin}r) 커맨드를 선언한다.

② 터치 후 입력 체크박스를 풀고, 문자열 입력 명령어의 옵션을 다음과 같이 설정한다.

6.13.3 클립보드에서 가져오기(getClipboard) 명령어 선언 방법
– 명령어 선언

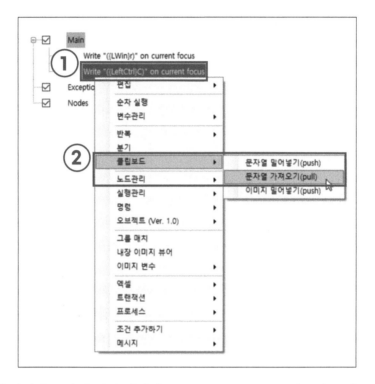

① 미리 선언한 문자열 입력 명령어를 Ctrl + C, Ctrl + V를 사용해 복사 붙여넣기를
하여 문자열 입력 기록 명령어를 하나 더 생성한다. 문자열 입력 명령어의 입력
값은 ({LWin}r), ({LeftCtrl}C) 순서로 선언한다.

② 선언한 문자열 입력 명령어를 우클릭하여 명령어 목록을 확인한다. 확인한 명
령어 목록 중 클립보드를 클릭하여 클립보드 명령어를 확인한다. 확인한 클립
보드 명령어 목록 중 문자열 가져오기를 클릭한다.

6.13.4 클립보드에서 가져오기(getClipboard) 명령어 선언 방법
- 명령어 속성

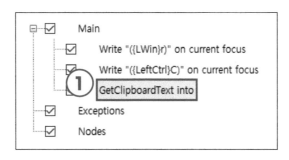

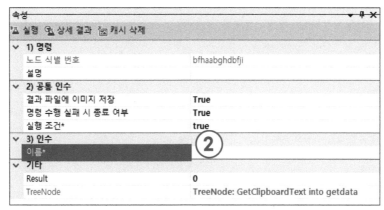

① 선언된 클립보드에서 가져오기(getClipboard) 명령어를 확인한다.

② 클립보드에서 가져오기(getClipboard) 명령어의 인수값은 변수명이 들어간
   다. 클립보드에 저장된 문자열 값을 인수값으로 입력된 변수명을 가진 변수에
   저장하는 것이다.

6.13.5 클립보드에서 가져오기(getClipboard) 명령어 선언 방법
– 명령어 설정

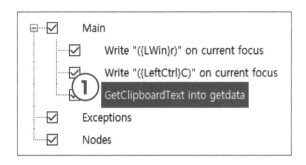

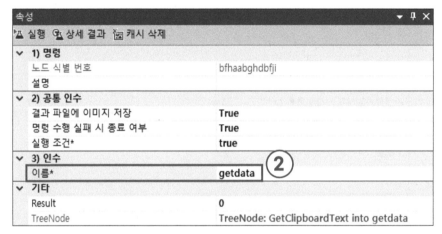

① 선언된 클립보드에서 가져오기(getClipboard) 명령어에 변수명이 추가된 것을
확인한다.

② 선언된 클립보드에서 가져오기(getClipboard) 명령어의 이름 입력값을 사용
자가 원하는 값으로 입력한다.

6.13.6 클립보드에서 가져오기(getClipboard) 명령어 선언 방법
– 실행 결과

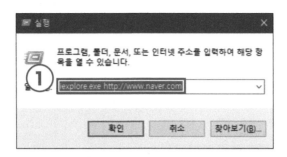

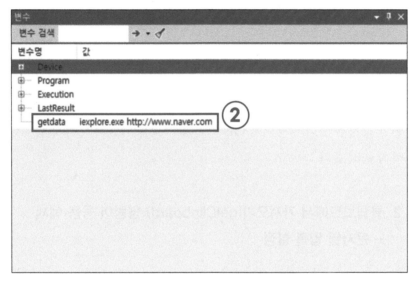

① 클립보드에서 가져오기(getClipboard) 명령어 예제 실행 결과이다. 문자열 입력 명령어가 실행되어 실행 창을 실행하고 실행 창에 입력되어 있는 값을 복사한다.

② 문자열 입력 명령어가 커맨드로 복사한 값을 선언된 클립보드에서 가져오기 (getClipboard) 명령어가 복사되어 클립보드에 저장된 값을 변수에 저장한 실행 결과이다.

6.14 클립보드에서 가져오기(getClipboard) 명령어 응용 예제

6.14.1 클립보드에서 가져오기(getClipboard) 명령어 응용 예제
– 문자열 입력 선언

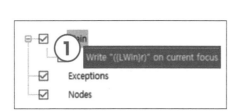
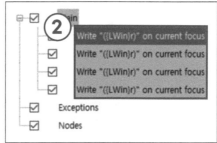

① 이번 예제는 클립보드에서 가져오기(getClipboard) 응용 예제이다. 먼저 문자열
입력 명령어를 하나 선언한다.

② 선언한 문자열 입력 명령어를 Ctrl + C, Ctrl + V를 사용하여 복사 붙여넣기로 4
개까지 늘려 준다.

6.14.2 클립보드에서 가져오기(getClipboard) 명령어 응용 예제
– 문자열 입력 설정

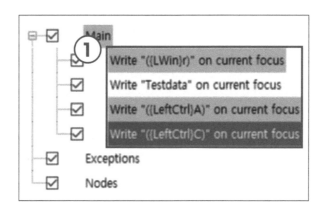

① 4개의 문자열 입력 변수의 정의를 각각 ({LWin}r), 'Testdata', ({LeftCtrl}A),
({LeftCtrl}C) 순서로 입력한다. 두 번째 입력값은 사용자가 원하는 값으로 입력
하여도 무관하다.

6.14.3 클립보드에서 가져오기(getClipboard) 명령어 응용 예제
– 명령어 선언

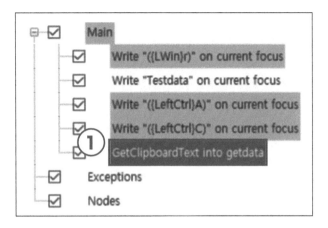

① Main을 우클릭하여 명령어 목록을 확인한 후 명령어 목록에서 클립보드 명령어
를 클릭한다.

② 클립보드 명령어 중 문자열 가져오기를 클릭하여 클립보드에서 가져오기
(getClipboard) 명령어를 선언한다.

6.14.4 클립보드에서 가져오기(getClipboard) 명령어 응용 예제 – 변수 선언

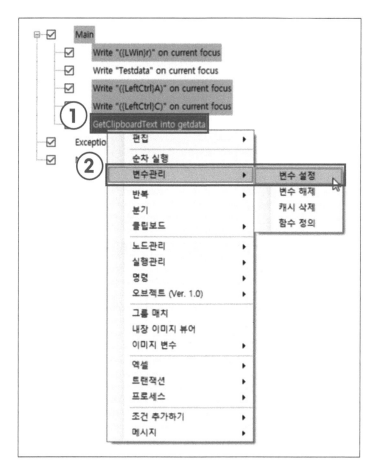

① 미리 선언한 클립보드에서 가져오기(getClipboard) 명령어를 우클릭하여 명령어 목록을 확인한다.

② 명령어 목록 중 변수 관리를 클릭한다. 변수 관리 명령어 중 변수 설정을 클릭하여 변수를 선언한다.

6.14.5 클립보드에서 가져오기(getClipboard) 명령어 응용 예제
– 변수 설정

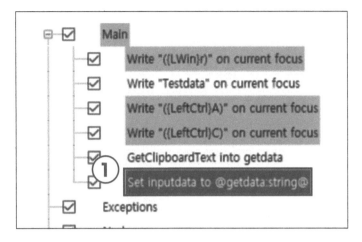

① 선언한 변수의 변수명은 사용자가 원하는 값으로 입력해도 무관하다.

② 정의는 @변수명:string@으로 입력해 주는데, 변수명은 미리 선언한 클립보드
   에서 가져오기(getClipboard) 명령어의 변수명을 입력한다.

③ 변수의 형식은 string으로 입력한다.

6.14.6 클립보드에서 가져오기(getClipboard) 명령어 응용 예제
– 실행 결과

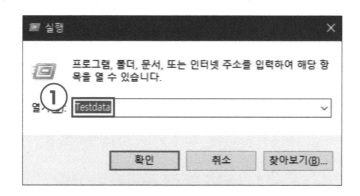

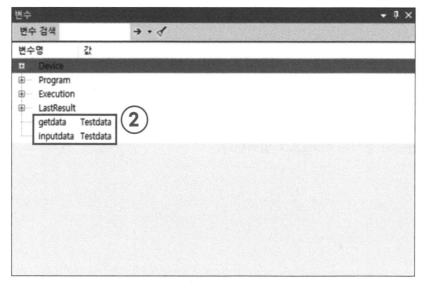

① 클립보드에서 가져오기(getClipboard) 명령어 응용 예제 결과이다.

② 문자열 입력 명령어가 실행되어 실행 창을 실행하고, 실행 창에 사용자가 지정
한 입력값을 입력한다.

③ 입력된 값을 복사하여 클립보드에 저장하고 클립보드에서 가져오기
(getClipboard) 명령어가 클립보드에 저장된 값을 변수에 저장한 실행 결과이다.

④ 클립보드에서 가져오기(getClipboard) 명령어로 선언한 변수의 값은 다른 변수
에도 활용이 가능하다.

CHAPTER 7

오브젝트 드라이버 명령어 정의

오브젝트 드라이버 명령어 정의

7.1 드라이버 실행(ObjStartDriver) 명령어 설정

　오브젝트 드라이버 명령어는 이미지 기반 명령어와 달리 기능은 동일하지만 화면에 RPA 동작하는 동작들이 보이지 않는 백그라운드 프로세스로 동작된다는 차이점이 있다.

　하드웨어를 사용하는 동작이 아닌 드라이버를 사용하는 동작 명령어이기 때문에 RPA가 업무를 수행하고 있는 상황에도 PC를 자유롭게 사용 가능하도록 프로그래밍을 할 수 있다는 장점이 있고, 이미지 기반 명령어보다 동작 속도가 빠르고 정확하다는 장점도 있다. 다만 별도의 중요한 입력값들이 있기 때문에 무조건적으로 사용되는 것은 아니니 주의하여야 한다.

　다음 예제를 오브젝트 드라이버 명령어를 선언하고 예제를 수행하여 익숙해지도록 하자.

7.1.1 드라이버 실행(ObjStartDriver) 명령어 선언 방법 – 명령어 선언

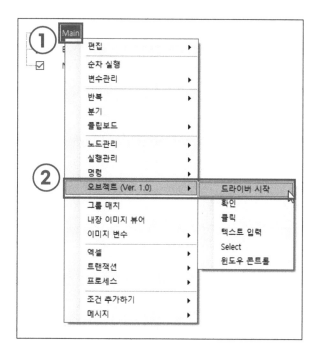

① 이번 예제에서는 오브젝트 1.0 명령어 중 하나인 드라이버 실행(ObjStartDriver) 명령어를 사용한다. 먼저 Main을 우클릭하여 명령어 목록을 확인한다.

② 확인한 명령어 목록 중 오브젝트 (Ver. 1.0) 명령어를 클릭하여 명령어 목록을 확인한다. 확인한 오브젝트 (Ver. 1.0) 명령어 목록 중 드라이버 시작을 클릭한다.

7.1.2 드라이버 실행(ObjStartDriver) 명령어 선언 방법 – 명령어 속성

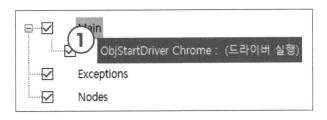

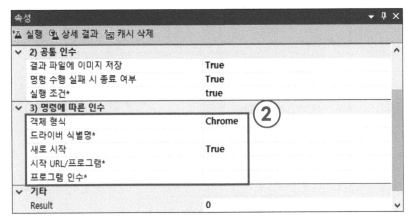

① 생성된 드라이버 실행(ObjStartDriver) 명령어를 확인한다.

② 드라이버 실행(ObjStartDriver) 명령어에 입력되는 인수값에는 객체 형식, 드라
이버 식별명, 시작 URL/프로그램 인수값을 주로 사용한다. 객체 형식은 드라이
버에서 사용할 브라우저의 종류를 선택한다. 드라이버 식별명은 드라이버가 가
지게 될 일종의 변수명이다. 시작 URL/프로그램은 드라이버로 시작할 URL 프로
그램의 주솟값이 입력된다.

7.1.3 드라이버 실행(ObjStartDriver) 명령어 선언 방법 – 명령어 설정

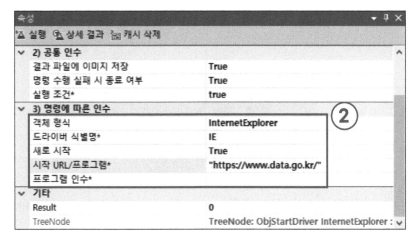

① 생성된 드라이버 실행(ObjStarDriver) 명령어의 값이 정의된 것을 확인한다.

② 선언한 드라이버 실행(ObjStarDriver) 명령어의 객체 형식을 InternetExplorer로
드라이버 식별명은 사용자가 원하는 대로 정의해도 무관하며 시작 URL/프로그
램 입력값은 "https://www.data.go.kr"로 입력한다.

7.1.4 드라이버 실행(ObjStartDriver) 명령어 선언 방법 – 실행 결과

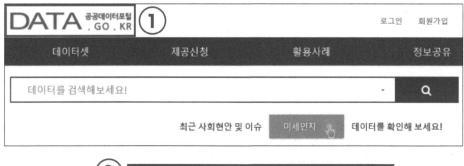

① 스크립트 실행 시 드라이버 실행(ObjStartDriver) 명령어에 입력된 URL 주소를 가진 웹페이지가 실행된다.

② 드라이버가 실행된 모습이다. 오브젝트 1.0 명령어를 사용하기 위해 드라이버 실행(ObjStartDriver)를 선언하고 스크립트를 실행하면 실행되는 드라이버이다.

7.2 오브젝트 확인(ObjMatch) 명령어 설정

7.2.1 오브젝트 확인(ObjMatch) 명령어 선언 방법 – 명령어 선언

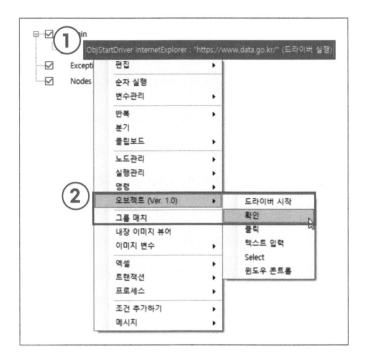

① 이전 예제에서 사용한 드라이버 실행(ObjStratDriver) 명령어를 그대로 사용한다. 선언된 드라이버 실행(ObjStartDriver) 명령어를 우클릭하여 명령어 목록을 확인한다.

② 확인된 명령어 목록 중 오브젝트 (Ver. 1.0)를 클릭하여 명령어 목록을 확인한다. 확인된 명령어 목록 중 확인을 클릭한다.

7.2.2 오브젝트 확인(ObjMatch) 명령어 선언 방법 – 명령어 속성

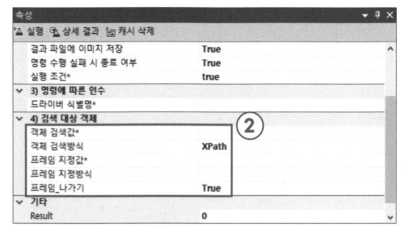

① 생성된 확인(ObjMatch) 명령어를 확인한다.

② 확인(ObjMatch) 명령어의 인수값에는 특수한 값이 들어간다. 주로 드라이버 식
별명, 객체 검색값을 입력하여 사용한다.

③ 객체 검색값에는 웹페이지에서 사용되는 XPath 값이 사용된다.

7.2.3 오브젝트 확인(ObjMatch) 명령어 선언 방법 – XPath 확인

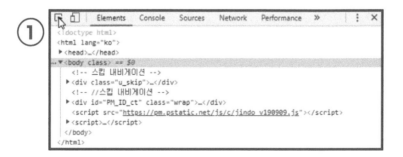

① XPath 값을 구하기 위해 주로 Chrome이 사용되는데, 이는 개발자 도구의 사용이
편리하기 때문이다. Chrome을 열어 F12를 눌러 개발자 도구를 확인할 수 있다.

7.2.4 오브젝트 확인(ObjMatch) 명령어 선언 방법 – 필요한 XPath 선택

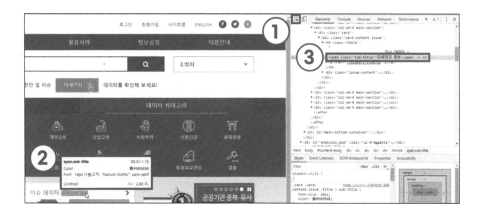

① 원하는 오브젝트의 XPath 값을 구하기 위해서는 개발자 도구 상단에 있는 해당
버튼을 클릭한다.

② 원하는 오브젝트에 커서를 올려 오브젝트를 지정한다.

③ 오브젝트 소스가 개발자 도구에 표시된다.

7.2.5 오브젝트 확인(ObjMatch) 명령어 선언 방법 – XPath 복사

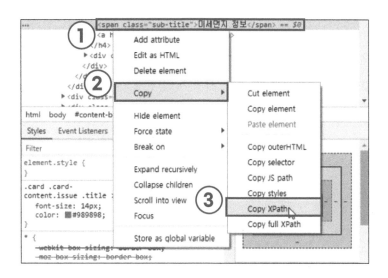

① 확인된 오브젝트 소스를 우클릭하여 도구 목록을 확인한다.

② 확인된 목록 중 Copy를 클릭한다.

③ Copy 기능 목록 중 Copy XPath를 클릭한다.

7.2.6 오브젝트 확인(ObjMatch) 명령어 선언 방법 – 명령어 설정

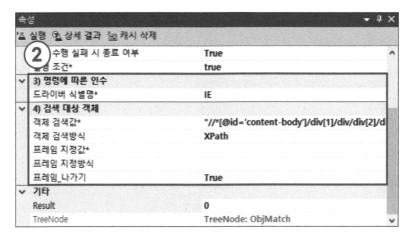

① 생성된 확인(Match) 명령어에 인수값을 입력하도록 한다.

② 드라이버 식별명은 상단에 미리 선언한 드라이버 실행(ObjStartDriver) 명령어의
식별명을 입력한다. 객체 검색값은 방금 예제를 통해 클립보드로 복사해 가져온
XPath 값을 입력한다.

③ 이때 XPath 값을 사용할 때 주의 사항이 있다. 항상 큰따옴표 안에 선언해야 하
며, 가장 바깥 큰따옴표 외에 큰따옴표들은 모두 작은따옴표로 바꾸어야 한다.

7.2.7 오브젝트 확인(ObjMatch) 명령어 선언 방법 – 실행 결과

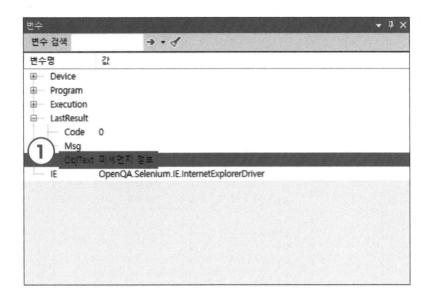

① 오브젝트 확인(ObjMatch) 명령어 예제의 실행 결과이다.

② 오브젝트 확인(ObjMatch) 명령어에 입력된 XPath 값에 있는 문자열 값을
LastResult.ObjText 변수에 입력한 것을 확인할 수 있다.

③ 당연히 이미지 기반 명령어에서 사용한 Match보다 높은 정확도를 보여 준다.

7.3 오브젝트 확인(ObjMatch) 명령어 응용 예제

7.3.1 오브젝트 확인(ObjMatch) 명령어 응용 예제 – 변수 선언

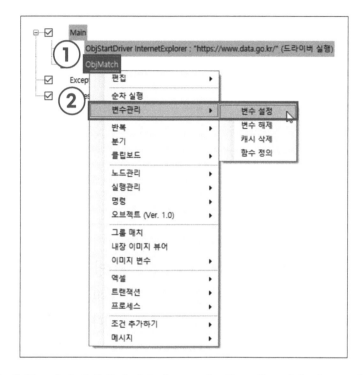

① 이번 예제는 이전 예제에서 사용한 스크립트를 그대로 사용해도 무관하다. 이전 예제에서 사용한 오브젝트 확인(ObjMatch) 명령어를 우클릭하여 명령어 목록을 확인한다.

② 확인된 명령어 목록 중 변수 관리를 클릭한다. 변수 관리 명령어 목록 중 변수 설정을 클릭하여 변수를 하나 선언한다.

7.3.2 오브젝트 확인(ObjMatch) 명령어 응용 예제 – 변수 설정

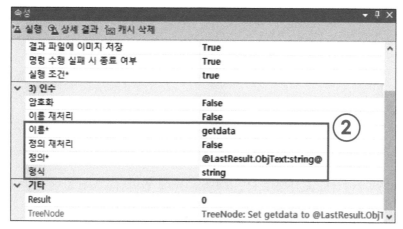

① 선언한 변수에 입력값을 입력한다.

② 변수명은 사용자가 임의로 입력해도 무관하다. 변수의 정의는 @LastResult.
ObjText:string@으로 형식은 string으로 선언한다.

7.3.3 오브젝트 확인(ObjMatch) 명령어 응용 예제 – 실행 결과

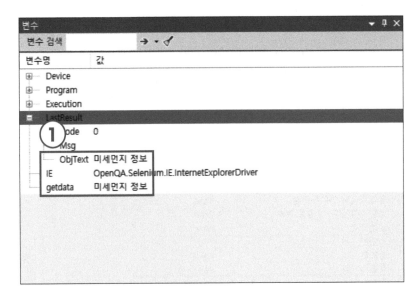

① 브젝트 확인(ObjMatch) 명령어의 응용 예제의 실행 결과이다.

② 이번 예제에서도 오브젝트 확인(ObjMatch)에 입력된 XPath 값에 있는 오브젝트의 문자열 값을 LastResult.ObjText 변수에 입력한 것을 확인할 수 있다.

③ 이번 예제를 통해 알 수 있듯이 LastResult.ObjText 변수에 입력된 값을 다른 변수에 입력할 수 있다.

7.4 오브젝트 클릭(ObjMatchAndClick) 명령어 설정

7.4.1 오브젝트 클릭(ObjMatchAndClick) 명령어 선언 방법 – 명령어 선언

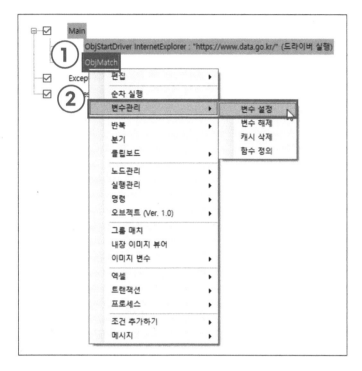

① 이전 예제에서 사용한 드라이버 실행(ObjStratDriver) 명령어를 그대로 사용한다. 드라이버 실행(ObjStratDriver) 명령어를 우클릭하여 명령어 목록을 확인한다.

② 확인한 명령어 목록 중 오브젝트 (Ver. 1.0)을 클릭한다. 오브젝트 (Ver. 1.0) 명령어 목록 중 클릭을 클릭한다.

7.4.2 오브젝트 클릭(ObjMatchAndClick) 명령어 선언 방법 - 명령어 속성

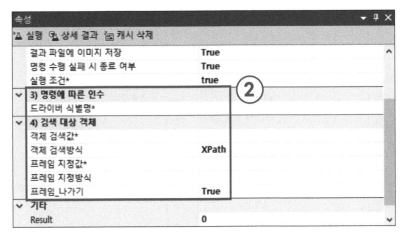

① 선언된 오브젝트 클릭(ObjMatchAndClick) 명령어를 확인한다.

② 오브젝트 클릭(ObjMatchAndClick) 명령어도 XPath 값이 입력된다.

7.4.3 오브젝트 클릭(ObjMatchAndClick) 명령어 선언 방법 – XPath 복사

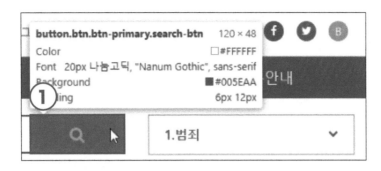

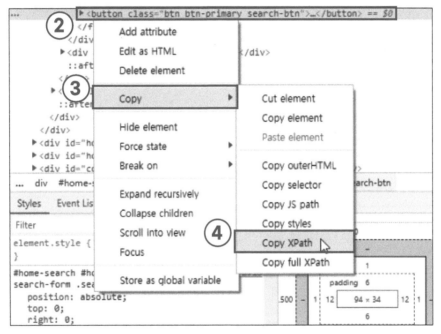

① 검색 버튼의 XPath 값을 가져오기 위해 오브젝트 소스를 확인한다.

② 확인된 오브젝트 소스를 우클릭하여 도구 목록을 확인한다.

③ 확인된 목록 중 Copy를 클릭한다.

④ Copy 기능 목록 중 Copy XPath를 클릭한다.

7.4.4 오브젝트 클릭(ObjMatchAndClick) 명령어 선언 방법
– 명령어 설정

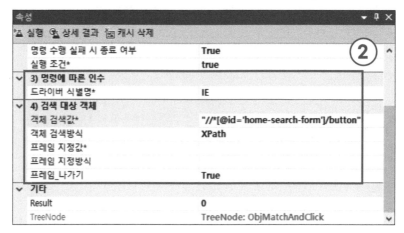

① 오브젝트 클릭(ObjMatchClick) 명령어에 인수값을 입력한다.

② 드라이버 식별명은 상단에 미리 선언한 드라이버 실행(ObjStartDriver) 명령어
의 식별명을 입력한다. 객체 검색값은 예제를 통해 클립보드로 복사해 가져온
XPath 값을 입력한다.

7.4.5 오브젝트 클릭(ObjMatchAndClick) 명령어 선언 방법 – 실행 결과

① 오브젝트 클릭(ObjMatchAndClick) 명령어 예제의 실행 결과이다.

② 검색창의 검색 버튼의 오브젝트 XPath 값을 입력하였기 때문에 검색 버튼을 좌클릭하는 기능을 수행한 것을 확인할 수 있다.

7.5 오브젝트 클릭(ObjMatchAndClick) 명령어 응용 예제

7.5.1 오브젝트 클릭(ObjMatchAndClick) 명령어 응용 예제 – 변수 선언

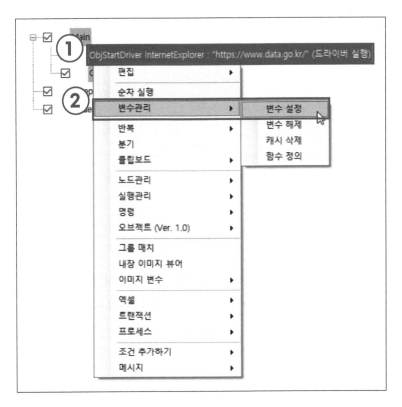

① 이번 예제에서는 이전 예제에서 사용한 스크립트를 그대로 사용하여도 무관하다. 선언된 드라이버 실행(ObjStartDriver) 명령어를 우클릭하여 명령어 목록을 확인한다.

② 확인된 명령어 목록 중 변수 관리를 클릭한다. 변수 관리 명령어 목록 중 변수 설정을 클릭한다.

7.5.2 오브젝트 클릭(ObjMatchAndClick) 명령어 응용 예제 – 변수 설정

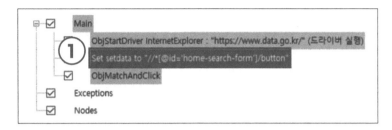

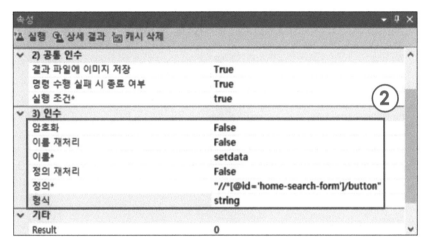

① 선언한 변수에 인수값을 입력해 보자.

② 변수명은 사용자가 임의로 입력해도 무관하다. 변수의 정의는 이전 예제에서 사용한 XPath 값을 그대로 사용한다. 당연히 큰따옴표 안에 입력해야 하며, 가장 바깥 큰따옴표를 제외한 모든 큰따옴표는 작은따옴표로 입력한다. 변수의 형식은 string으로 입력한다.

7.5.3 오브젝트 클릭(ObjMatchAndClick) 명령어 응용 예제
– 명령어 설정

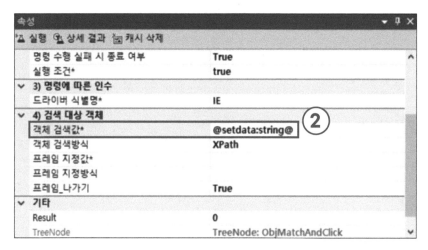

① 미리 선언한 오브젝트 클릭(ObjMatchAndClick) 명령어의 입력값을 다음과 같이 입력한다.

② 드라이버 식별명은 동일하게 사용한다. 객체 검색값을 @변수명:string@으로 입력한다.

7.5.4 오브젝트 클릭(ObjMatchAndClick) 명령어 응용 예제 – 실행 결과

① 오브젝트 클릭(ObjMatchAndClick) 명령어의 변수 활용 예제의 실행 결과이다.

② 검색 버튼의 XPath 값을 입력하였기 때문에 검색 버튼을 좌클릭하는 기능을 수행한다.

③ 변수를 활용하여 XPath 값을 입력해도 문제없이 동작하는 것을 확인할 수 있다.

7.6 오브젝트 텍스트 입력(ObjSendkey) 명령어 설정

7.6.1 오브젝트 텍스트 입력(ObjSendkey) 명령어 선언 방법
– 명령어 선언

① 이번 예제는 이전 예제에서 사용한 스크립트를 그대로 사용해도 무관하다. 먼저 드라이버 실행(ObjStartDriver) 명령어를 우클릭하여 명령어 목록을 확인한다.

② 확인한 명령어 목록 중 오브젝트 (Ver. 1.0) 명령어를 클릭하여 명령어 목록을 확인한다.

③ 확인한 명령어 목록 중 텍스트 입력을 클릭한다.

7.6.2 오브젝트 텍스트 입력(ObjSendkey) 명령어 선언 방법 – 명령어 속성

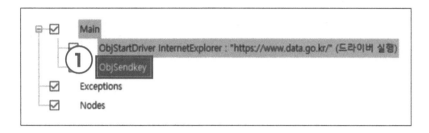

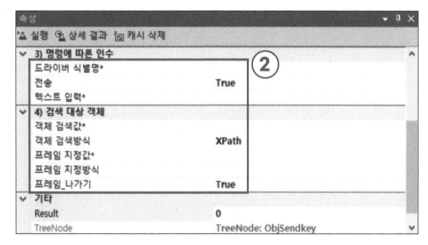

① 선언된 오브젝트 텍스트 입력(ObjSendkey) 명령어를 확인한다.

② 오브젝트 텍스트 입력(ObjSendkey) 명령어는 전송, 텍스트 입력 2가지 인수값
이 추가되어 있다.

7.6.3 오브젝트 텍스트 입력(ObjSendkey) 명령어 선언 방법 – XPath 복사

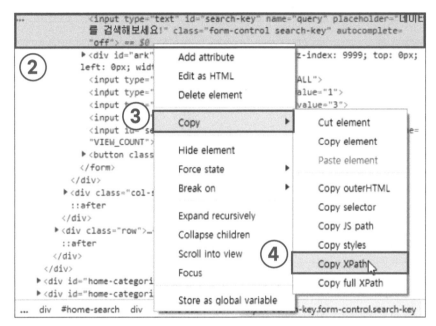

① 검색창의 XPath 값을 가져오기 위해 오브젝트 소스를 확인한다.

② 확인된 오브젝트 소스를 우클릭하여 도구 목록을 확인한다.

③ 확인된 목록 중 Copy를 클릭한다.

④ Copy 기능 목록 중 Copy XPath를 클릭한다.

7.6.4 오브젝트 텍스트 입력(ObjSendkey) 명령어 선언 방법 – 명령어 설정

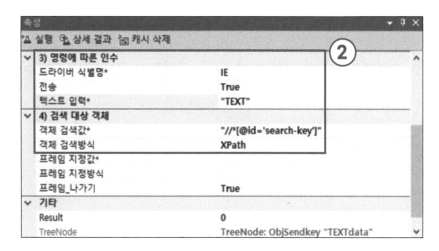

① 미리 선언한 오브젝트 텍스트 입력(ObjSenkey)의 인수값을 입력한다.

② 드라이버 식별명은 상단에 미리 선언한 드라이버 실행(ObjStartDriver) 명령어의
식별명을 입력한다. 텍스트 입력값은 사용자가 임의로 입력하여도 무관하다. 객
체 검색값은 방금 예제를 통해 클립보드로 복사해 가져온 XPath 값을 입력한다.

7.6.5 오브젝트 텍스트 입력(ObjSendkey) 명령어 선언 방법 – 실행 결과

① 오브젝트 텍스트 입력(ObjSendkey) 명령어 예제의 실행 결과이다.

② 검색창의 XPath 값을 명령어에 입력하였기 때문에 검색 창에 입력된 문자열 값
을 오브젝트 텍스트 입력(ObjSendkey) 명령어가 입력한 것을 확인할 수 있다.

③ 문자열 값을 입력 후 Enter키 값이 입력된 것을 확인할 수 있는데, 다음 예제에서
확인해 보자.

7.7 오브젝트 텍스트 입력(ObjSendkey) 명령어 응용 예제

7.7.1 오브젝트 텍스트 입력(ObjSendkey) 명령어 응용 예제 – 변수 선언

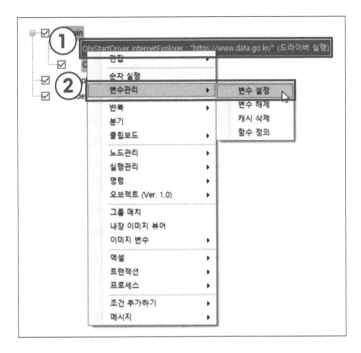

① 이전 예제에서 사용한 스크립트를 그대로 사용하여도 무관하다. 먼저 선언된 드라이버 실행(ObjstartDriver) 명령어를 우클릭하여 명령어 목록을 확인한다.

② 확인된 명령어 목록 중 변수 관리를 클릭한다. 변수 관리 명령어 목록 중 변수 설정을 클릭하여 변수를 선언한다.

7.7.2 오브젝트 텍스트 입력(ObjSendkey) 명령어 응용 예제
– 변수 복사, 설정

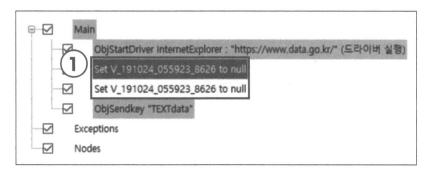

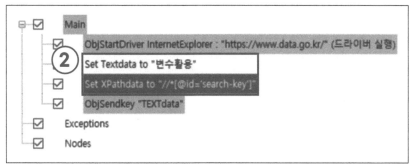

① 선언한 변수를 Ctrl + C, Ctrl + V를 사용해 복사 붙여넣기를 사용해 2개로 늘려 준다.

② 2개의 변수의 정의를 입력해 보자. 변수명은 사용자가 임의로 지정하여도 무관 하다. 정의는 각각 원하는 문자열 값, 이전 예제에서 사용한 XPath 값을 입력해야 한다. 두 변수 모두 형식은 string으로 입력한다.

7.7.3 오브젝트 텍스트 입력(ObjSendkey) 명령어 응용 예제
– 명령어 설정

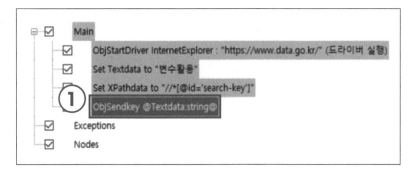

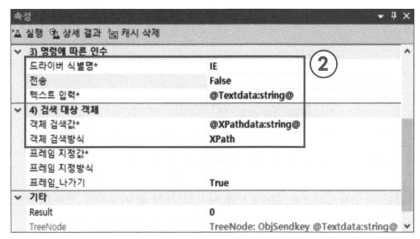

① 미리 선언한 오브젝트 텍스트 입력(ObjSendkey)의 인수값을 입력한다.

② 드라이버 식별명은 상단에 미리 선언한 드라이버 실행(ObjStartDriver) 명령어의
식별명을 입력한다. 전송은 False로 입력한다. 텍스트 입력값은 @변수명:string@
의 형태로 선언한다. 텍스트 입력값이 입력되어 있는 변수명을 사용해야 한
다. 객체 검색값은 **@변수명:string@**의 형태로 선언한다. 이전 예제에서 사용한
XPath 값을 입력한 변수명을 사용해야 한다.

7.7.4 오브젝트 텍스트 입력(ObjSendkey) 명령어 응용 예제 – 실행 결과

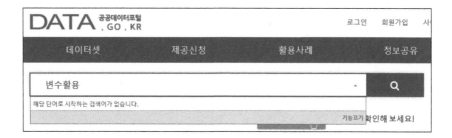

① 오오브젝트 텍스트 입력(ObjSendkey) 명령어의 응용 예제의 실행 결과이다.

② 검색 창의 XPath 값을 입력하였기 때문에 검색 창에 입력된 문자열 값을 입력한 것을 확인할 수 있다.

③ 이번 예제에서는 문자열 입력 후 Enter가 추가 입력되지 않았다. 이것은 전송 옵션의 기능이며 False로 입력하였기 때문에 Enter가 추가 입력되지 않았다.

④ 오브젝트 텍스트 입력(ObjSendkey) 명령어에도 역시 변숫값을 활용할 수 있다.

7.8 오브젝트 Select(ObjSelect) 명령어 설정

7.8.1 오브젝트 Select(ObjSelect) 명령어 선언 방법
        – 드라이버 명령어 설정

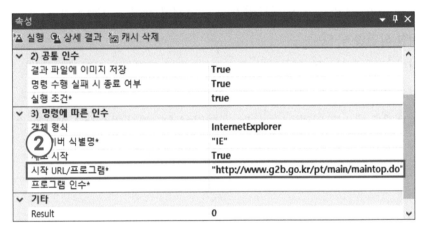

① 이전 예제에서 사용한 드라이버 실행(ObjStartDriver) 명령어를 그대로 사용한다. 다만 이번 예제에서 사용할 오브젝트 Select(ObjSelect) 명령어의 기능을 더 확실히 확인하기 위해 URL/프로그램 입력값을 "http://www.g2b.go.kr/pt/main/maintop.do"로 입력하도록 한다.

7.8.2 오브젝트 Select(ObjSelect) 명령어 선언 방법
        – 드라이버 명령어 설정 확인

① 이번 예제에서 사용할 웹페이지는 나라장터(g2b)의 상단 프레임 주소이다.

② 단순히 상단 프레임 주소만 사용하기 때문에 메인 페에지의 상단 프레임만 보인다.

7.8.3 오브젝트 Select(ObjSelect) 명령어 선언 방법 – XPath 복사

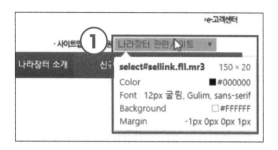

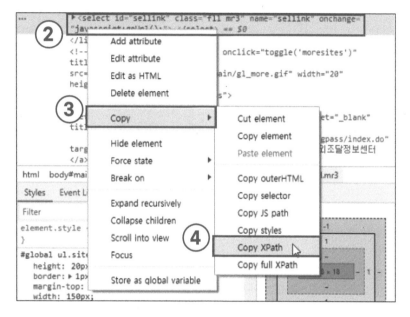

① 나라장터 웹페이지 검색 창의 우측에 있는 Select 오브젝트의 XPath 값을 가져오
기 위해 오브젝트 소스를 확인한다.

② 확인된 오브젝트 소스를 우클릭하여 도구 목록을 확인한다.

③ 확인된 목록 중 Copy를 클릭한다.

④ Copy 기능 목록 중 Copy XPath를 클릭한다.

7.8.4 오브젝트 Select(ObjSelect) 명령어 선언 방법 – 명령어 선언

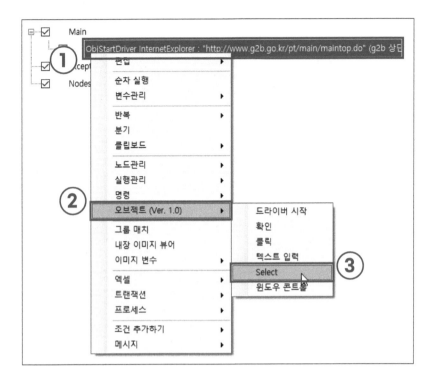

① 선언된 드라이버 실행(ObjStartDriver) 명령어를 우클릭하여 명령어 목록을 확인 한다.

② 확인된 명령어 목록 중 오브젝트 (Ver. 1.0) 명령어를 클릭한다.

③ 오브젝트 (Ver. 1.0) 명령어 중 Select를 클릭한다.

7.8.5 오브젝트 Select(ObjSelect) 명령어 선언 방법 – 명령어 속성

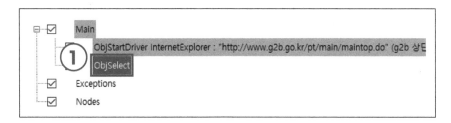

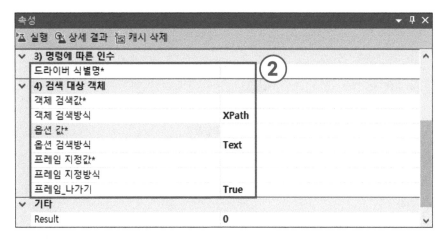

① 선언한 오브젝트 Select(ObjSelect) 명령어를 확인한다.

② 오브젝트 Select(ObjSelect) 명령어의 인수값에는 옵션 값이 추가되어 있다.

7.8.6 오브젝트 Select(ObjSelect) 명령어 선언 방법 – 명령어 설정

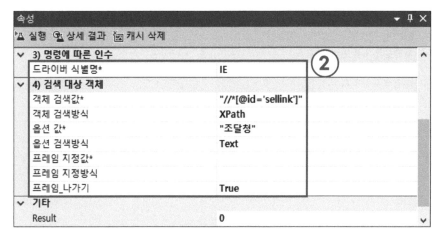

① 선언한 오브젝트 Select(ObjSelect) 명령어의 인수값을 입력하여 준다.

② 드라이버 식별명은 상단에 미리 선언한 드라이버 실행(ObjStartDriver) 명령어의
식별명을 입력한다.

③ 객체 검색값은 방금 예제를 통해 클립보드로 복사해 가져온 XPath 값을 입력한
다. 옵션값은 '조달청'으로 입력한다.

7.8.7 오브젝트 Select(ObjSelect) 명령어 선언 방법 – 실행 결과

① 오브젝트 Select (ObjSelect) 명령어 예제의 실행 결과이다.

② 입력된 Select 오브젝트의 Select 옵션값을 제대로 선택한 것을 확인할 수 있다.

7.9 오브젝트 Select(ObjSelect) 명령어 응용 예제

7.9.1 오브젝트 Select(ObjSelect) 명령어 응용 예제 – 변수 선언

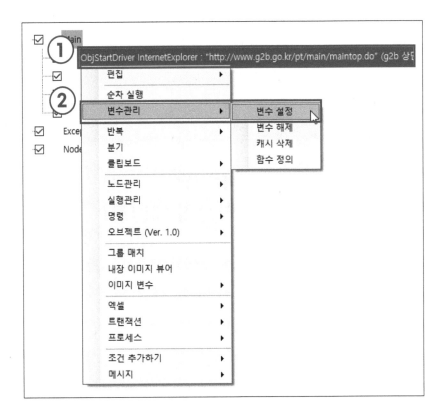

① 이전 예제에서 사용한 스크립트를 그대로 사용한다. 선언된 드라이버 실행
   (ObjStartDriver) 명령어를 우클릭하여 명령어 목록을 확인한다.

② 확인된 명령어 목록 중 변수 관리를 클릭한다.

③ 변수 관리 명령어 목록 중 변수 설정을 클릭하여 변수를 선언한다.

7.9.2 오브젝트 Select(ObjSelect) 명령어 응용 예제 – 변수 복사, 설정

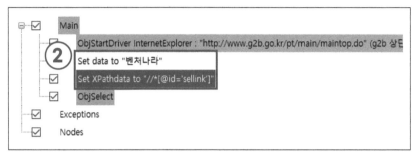

① 선언한 변수를 Ctrl + C, Ctrl + V를 사용해 복사 붙여넣기로 2개로 늘려 준다.

② 2개의 변수의 정의를 선언한다. 변수명은 사용자가 임의로 정의해도 무관하다. 정의는 각각 '벤처나라', 이전 예제에서 사용한 XPath 값을 입력하도록 하자. 두 변수 모두 형식은 string으로 입력해야 한다.

7.9.3 오브젝트 Select(ObjSelect) 명령어 응용 예제 – 명령어 설정

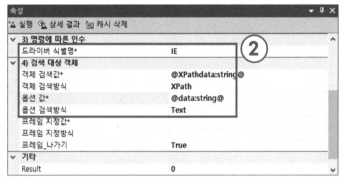

① 미리 선언한 오브젝트 Select(ObjSelect) 명령어의 인수값을 정의한다.

② 드라이버 식별명은 상단에 미리 선언한 드라이버 실행(ObjStartDriver) 명령어의
식별명을 입력한다. 객체 검색값은 @변수명:string@의 형태로 이전 예제에서 사
용한 XPath 값을 입력하도록 한다. 옵션값은 @변수명:string@의 형태로 선언한
다. 옵션값이 입력되어 있는 변수를 사용해야 한다.

7.9.4 오브젝트 Select(ObjSelect) 명령어 응용 예제 – 실행 결과

① 오브젝트 Select (ObjSelet) 명령어의 응용 예제의 실행 결과이다.

② 입력된 Select 오브젝트의 Select 옵션값을 제대로 선택한 것을 확인할 수 있다.

③ 객체 검색은 물론, 옵션값에도 변수를 활용하여 이용할 수 있다.

7.10 오브젝트 윈도우 컨트롤(ObjWinControl) 명령어 설정

7.10.1 오브젝트 윈도우 Select(ObjSelect) 명령어 선언 방법 – 명령어 선언

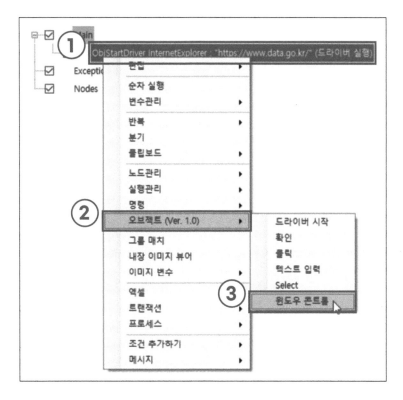

① 이전 예제에서 사용한 드라이버 실행(ObjStartDriver) 명령어를 그대로 사용한다. 선언된 드라이버 실행(ObjStartDriver) 명령어를 우클릭하여 명령어 목록을 확인한다. URL 값은 공공데이터 포털의 주솟값을 사용한다.

② 확인된 명령어 목록 중 오브젝트 (Ver. 1.0) 명령어를 클릭한다.

③ 오브젝트 (Ver. 1.0) 명령어 중 윈도우 컨트롤을 클릭한다.

7.10.2 오브젝트 윈도우 Select(ObjSelect) 명령어 선언 방법 – 명령어 속성

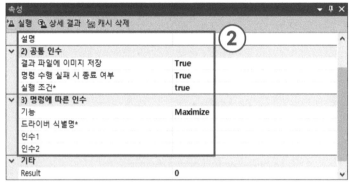

① 선언된 오브젝트 윈도우 컨트롤(ObjWinControl) 명령어를 확인한다.

② 오브젝트 윈도우 컨트롤(ObjWinControl) 명령어의 인수값에는 기능, 인수1, 인수2가 있다.

기능	기능 설명	인수1	인수2
Maximize	해당 브라우저를 최대화		
SetFocus	해당 브라우저를 맨 앞으로 가져오기		
Move	브라우저를 해당 위치로 이동	X Position	Y Position
Resize	브라우저의 크기를 변경	Width	Height
Close	브라우저 종료		
Switch To	·브라우저에서 Child 윈도우가 생성된 경우 컨트롤 윈도우를 변경 ·현재 Parent 윈도우인 경우 Child 윈도우로 포커스를 변경 ·현재 Child 윈도우인 경우 Parent 윈도우로 포커스를 변경		
AlertAccept	Alert 창이 떠 있는 경우 확인 버튼 클릭		
AlertDismiss	Alert 창이 떠 있는 경우 취소 버튼 클릭		
TimeOut	브라우저 내 오브젝트 확인 시 해당 시간 동안 오브젝트 검색 수행 한 번 이 값이 설정되면 해당 드라이버에서 지속적으로 적용됨	Time (ms)	

RPA Robotic Process Automation

CHAPTER 8

오브젝트 2.0 명령어 정의

CHAPTER
08
Robotic Process Automation
오브젝트 2.0 명령어 정의

8.1 오브젝트 2.0 명령어 설정

조건문의 경우 다양한 경우에 자주 사용되는데, 주로 조건에 따라 분기를 나눠야 하거나 여러 가지 조건에 따라 경우의 수가 나눠지는 경우, 다양한 상황에 맞춰 별도의 대응을 해야 하는 경우 사용되며, 위와 같은 상황이 굉장히 많기 때문에 자주 사용된다.

다음 예제를 통해 조건으로 분기 명령어인 Branch 명령어를 선언하고 예제를 수행하여 익숙해지도록 하자.

8.1.1 오브젝트 2.0 명령어 설정

사용자 툴 명칭	기능
사용자 모드	이미지 레코딩 툴을 사용하지 않는 디폴트 상태
오브젝트 자동 레코딩 (오브젝트 2.0 명령어)	마우스의 동작을 자동으로 스크립트로 전환해 주는 기능, 윈도우/웹에서의 오브젝트를 대상으로 함
이미지 패턴 수동 레코딩	특정 이미지가 화면에서 검색되었을 때, 지정된 동작을 하도록 구성
이미지 뷰어 레코딩	파일로 저장된 이미지를 화면에 불러와서, 지정된 동작을 하도록 구성

옵션 툴 명칭	기능
메인폼 활성화	스크립트 작성 창이 최소화되어 있을 때, 이를 활성화해 주는 단순 기능

설정	Toolbar 이용한 스크립트 생성을 보조하는 4개의 옵션
숨기기	Toolbar 자체가 이미지 매치 영역 등, 방해가 될 때 숨겨 주는 기능

① 왼쪽부터 사용자 모드, 오브젝트 자동 레코딩(오브젝트 2.0 명령어), 이미지 패턴 수동 레코딩, 이미지 뷰어 레코딩 아이콘이다.

② 왼쪽부터 메인폼 활성화, 설정, 숨기기 아이콘이다.

③ 이번 챕터에서는 오브젝트 자동 레코딩 명령어를 사용하기 때문에 프로그램을 실행하면 같이 나오는 Toolbar를 사용하게 된다.

8.2 오브젝트 2.0 윈도우 프로그램 제어 명령어 설정

8.2.1 윈도우 프로그램 제어 명령어 선언 방법 – 명령어 선언

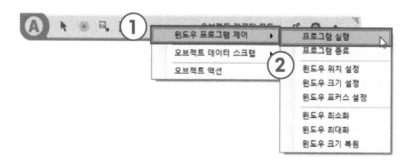

① 툴바에 있는 오브젝트 자동 레코딩(오브젝트 2.0 명령어)를 클릭하여 오브젝트 자동 레코딩을 실행한다.

② 이미지 뷰어 실행 버튼 옆 화살표를 클릭하여 오브젝트 자동 레코딩 명령어 목록을 확인한다. 확인한 명령어 목록 중 윈도우 프로그램 제어를 클릭한다. 윈도우 프로그램 제어 명령어 중 프로그램 실행을 클릭한다.

8.2.2 윈도우 프로그램 제어 명령어 선언 방법 – 명령어 속성

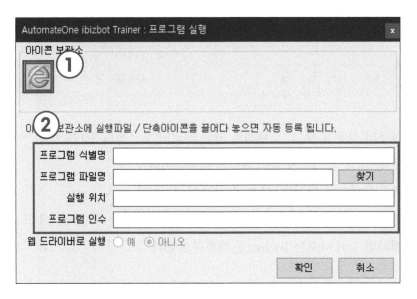

① 윈도우 프로그램 제어 명령어 중 프로그램 실행을 클릭하면 다음과 같은 팝업
창이 실행된다.

②아이콘 보관소에는 자주 사용하는 애플리케이션 아이콘을 저장할 수 있다.
ClickAndDrag를 사용하여 쉽게 저장할 수 있다.

③프로그램 식별명, 파일명, 실행 위치, 인수값을 입력하는 것으로 수동으로 애플
리케이션을 입력, 저장할 수 있다.

8.2.3 윈도우 프로그램 제어 명령어 선언 방법 – 명령어 설정

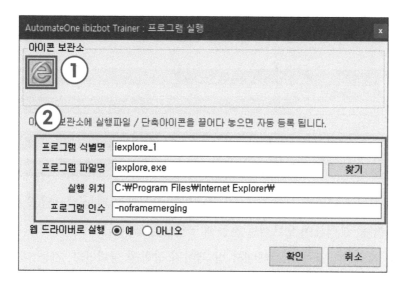

① 이번 예제에서는 Internetexplore를 사용할 것이다. 아이콘 보관소에 있는
Internetexplore 아이콘을 클릭한다.

② 아이콘을 클릭하면 값이 자동으로 입력된다.

8.2.4 윈도우 프로그램 제어 명령어 선언 방법 – 실행 결과

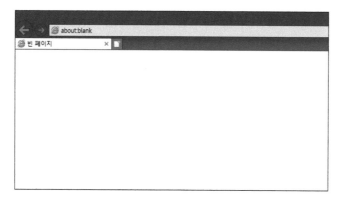

① 오브젝트 2.0 윈도우 프로그램 제어 명령어 예제 실행 결과이다. 빈 웹페이지가
하나 나온 것을 확인할 수 있다.

② 이후 나오는 오브젝트 2.0 예제에서 계속해서 사용하기 때문에 스크립트는 유지
하도록 한다.

8.3 오브젝트 2.0 윈도우 프로그램 제어 명령어 응용 예제

8.3.1 윈도우 프로그램 제어 명령어 응용 예제 – 자동 레코딩 실행

① 이전 예제 스크립트 실행 후 Toolbar에 있는 오브젝트 자동 레코딩(오브젝트 2.0 명령어)를 클릭하여 오브젝트 자동 레코딩을 실행한다.

② 자동 레코딩이 실행된 상태에서 빈 페이지 상단을 클릭한다. 자동 레코딩이 실행된 상태에서는 마우스의 동작을 트레킹하기 때문에 오브젝트 위치, 마우스 커서의 위치를 기록하기 위한 선이 표시된다.

③ 빈 페이지 주소 창에 'www.data.go.kr' 주솟값을 입력한다. 주솟값을 입력한 다음 Enter키를 눌러 준다.

8.3.2 윈도우 프로그램 제어 명령어 응용 예제
– 자동 레코딩 스크립트 확인

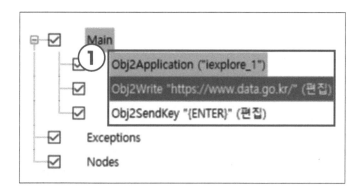

① 자동 레코딩 후 수행한 동작을 따라 자동으로 생성된 스크립트 명령어들을 확인할 수 있다.

8.3.3 윈도우 프로그램 제어 명령어 응용 예제 – 실행 결과

① 오브젝트 2.0 윈도우 프로그램 제어 명령어 응용 예제 실행 결과이다. 빈 웹페이지에서 www.data.go.kr 주소가 실행된 것을 확인할 수 있다.

기능	기능 설명	인수1	인수2
프로그램 실행	특정 프로그램을 실행하는 스크립트 명령을 생성, 아이콘 보관소에 자주 사용하는 프로그램을 드래그 앤 드롭으로 등록 가능 Obj2Application ("iexplore_1")		
프로그램 종료	실행 중인 프로그램을 종료하는 스크립트를 생성 Obj2WinControl Close		
윈도우 위치 설정	실행 중인 프로그램 창의 위치를 설정하는 스크립트 명령 생성 Obj2WinControl Move	X Position	Y Position
윈도우 크기 설정	실행 중인 프로그램 창의 위치를 설정하는 스크립트 명령 생성 Obj2WinControl Resize	Width	Height
윈도우 포커스 설정	비활성화된 프로그램에 포커스를 설정하는 스크립트 명령 생성 Obj2WinControl Focus		
윈도우 최소화	실행 중인 프로그램 창이 최소화 처리됨 Obj2WinControl Minimize		
윈도우 최대화	실행 중인 프로그램 창이 최대화 처리됨 Obj2WinControl Maximize		
윈도우 크기 복원	실행 중인 프로그램 창이 크기 복원 처리됨 Obj2WinControl Normal		

8.4 오브젝트 2.0 데이터 스크랩 명령어 설정

8.4.1 오브젝트2.0 데이터 스크랩 명령어 선언 방법 – 명령어 설정

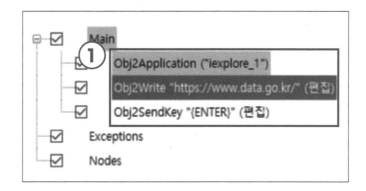

① 이번 예제에서는 오브젝트 자동 레코딩(오브젝트 2.0 명령어) 중 오브젝트, 데이
터 스크랩을 사용한다.

8.4.2 오브젝트 2.0 데이터 스크랩 명령어 선언 방법 – 자동 레코딩 실행

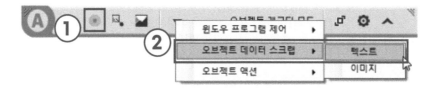

① 미리 선언한 예제 실행 후 Toolbar에 있는 오브젝트 자동 레코딩(오브젝트 2.0
명령어)를 클릭하여 오브젝트 자동 레코딩을 실행한다.

② 이미지 뷰어 실행 버튼 옆 화살표를 클릭하여 오브젝트 자동 레코딩 명령어 목
록을 확인한다. 확인한 명령어 목록 중 오브젝트 데이터 스크랩을 클릭한다. 오
브젝트 데이터 스크랩 명령어 중 텍스트를 클릭한다.

8.4.3 오브젝트 2.0 데이터 스크랩 명령어 선언 방법 – 오브젝트 선택

① 오브젝트 데이터 스크랩 명령어인 텍스트를 클릭하면 다음과 같은 팝업 창이 나
온다.

② 팝업 창이 나온 후 다음 그림과 같이 해당 문구를 클릭한다.

8.4.4 오브젝트 2.0 데이터 스크랩 명령어 선언 방법 – 명령어 속성

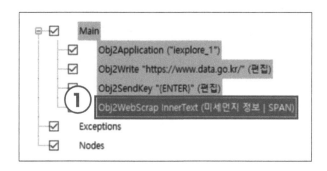

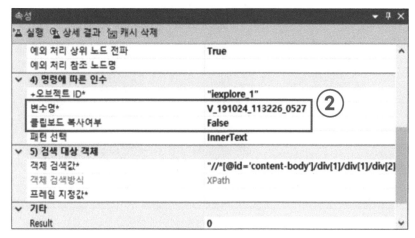

① 자동 레코딩 후 수행한 동작을 따라 자동으로 생성된 스크립트 명령어이다.

② 변수명, 클립보드 복사 여부 인수값이 주로 사용된다.

8.4.5 오브젝트 2.0 데이터 스크랩 명령어 선언 방법 – 명령어 설정

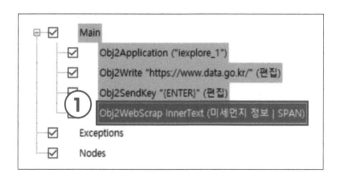

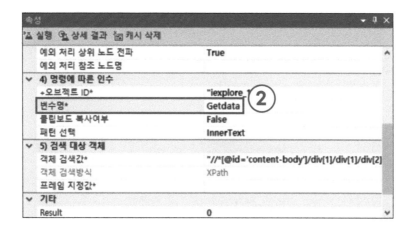

① 생성된 오브젝트 데이터 스크랩 명령어의 인수값을 다음과 같이 입력한다.

② 변수명은 사용자가 임의로 입력해도 무관하다.

8.4.6 오브젝트 2.0 데이터 스크랩 명령어 선언 방법 – 실행 결과

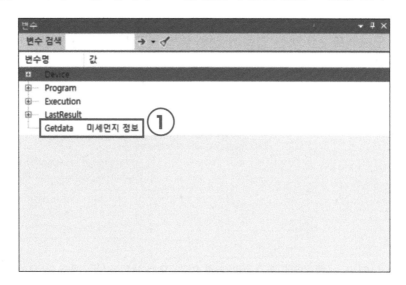

① 오브젝트 2.0 오브젝트 데이터 스크랩 예제 실행 결과이다. 빈 웹페이지에서 www.data.go.kr 주소가 실행된 후 스크립트가 종료된다.

② RPA에서 변숫값을 확인하여 보면 오브젝트 2.0 오브젝트 데이터 스크랩 명령어에 입력한 변수명으로 자동 레코드 상태에서 클릭한 오브젝트의 텍스트 값이 스크랩되어 입력된 것을 확인할 수 있다.

8.5 오브젝트 2.0 액션 명령어 설정

8.5.1 오브젝트 2.0 액션 명령어 선언 방법 – 명령어 설정

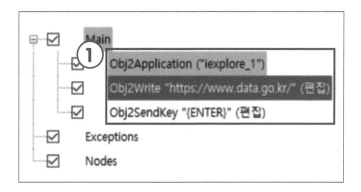

① 이번 예제에서는 오브젝트 2.0 오브젝트 액션을 사용한다. 이전에 선언하여 실행하였던 스크립트 예제를 그대로 사용한다.

8.5.2 오브젝트 2.0 액션 명령어 선언 방법 – 자동 레코딩 실행

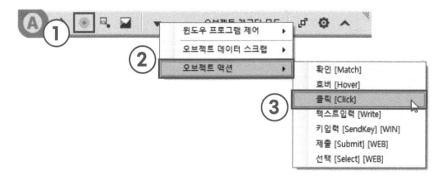

① 미리 선언한 예제 실행 후 Toolbar에 있는 오브젝트 자동 레코딩(오브젝트 2.0 명령어)를 클릭하여 오브젝트 자동 레코딩을 실행한다.

② 이미지 뷰어 실행 버튼 옆 화살표를 클릭하여 오브젝트 자동 레코딩 명령어 목록을 확인한다. 확인한 명령어 목록 중 오브젝트 액션을 클릭한다.

③ 오브젝트 액션 명령어 중 클릭[Click]을 클릭한다.

8.5.3 오브젝트 2.0 액션 명령어 선언 방법 – 오브젝트 선택

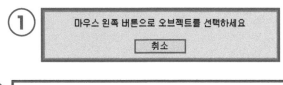

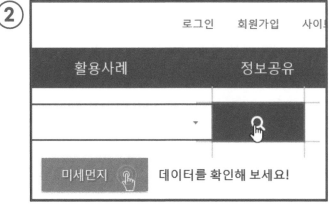

① 오브젝트 액션 명령어 중 클릭[Click]을 클릭하면 다음과 같은 팝업 창이 나
  온다.
② 팝업 창이 나온 후 검색 버튼을 클릭한다.

8.5.4 오브젝트 2.0 액션 명령어 선언 방법 – 자동 레코딩 스크립트 확인

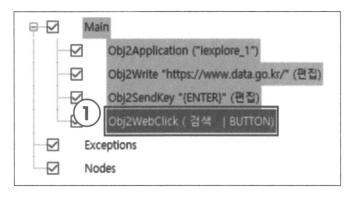

① 자동 레코딩 후 수행한 동작을 따라 자동으로 생성된 스크립트 명령어이다.

8.5.5 오브젝트 2.0 액션 명령어 선언 방법 – 실행 결과

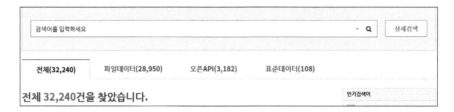

① 오브젝트 2.0 오브젝트 액션 예제 실행 결과이다. 빈 웹페이지에서 www.data. go.kr 주소가 실행된 후 로그인 버튼을 클릭하고 스크립트가 종료된다.

액션	액션 설명	윈도우 환경	웹 환경
확인 (Match)	해당 오브젝트의 존재를 찾음	Obj2match	Obj2WebMatch
호버 (Hover)	설정된 시간 동안, 오브젝트 위에 커서를 위치시킴 호버링 시간을 조절 가능, 마우스를 특정 위치에 있어야 화면이 변경되는 경우에 사용됨	Obj2Hover	Obj2WebHover
클릭 (Click)	해당 오브젝트를 클릭	Obj2Click	Obj2WebClick
텍스트 입력 (Write)	해당 오브젝트에 문자열을 입력	Obj2Write	Obj2WebWrite
키입력 (Sendkey)	키보드의 Enter 등의 키 입력을 전달	Obj2Sendkey	
제출 (Submit)	웹 브라우저에서 데이터를 서버로 전달		Obj2WebSubmit
선택 (Select)	웹 브라우저에서 셀렉트 오브젝트를 선택		Obj2WebSelect

CHAPTER 9

엑셀 명령어 정의

엑셀 명령어 정의

9.1 엑셀 셀 조회/변경(ExcelCellValue) 명령어 설정

엑셀 셀 조회/변경 명령어는 조건으로 정해진 엑셀 파일의 원하는 시트의 셀로부터 데이터를 가져와 변수로 활용하거나 입력되어 있는 값을 변경할 때 사용된다.

명령어가 백그라운드로 동작해서 화면상에 보이지 않지만 엑셀을 사용하기 때문에 사용 중인 엑셀을 종료하고 실행해야 한다. 다음 예제를 통해 엑셀 셀 조회/변경 명령어인 ExcelCellValue 명령어를 선언하고 예제를 수행하여 익숙해지도록 하자.

9.1.1 엑셀 셀 조회/변경(ExcelCellValue) 명령어 선언 방법
– 테스트 파일 생성

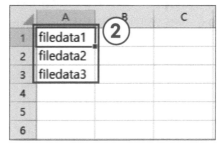

① 이번 예제를 위해 Excel 파일이 하나 필요하다.

② 파일의 위치는 어디든 무관하며, 내부 데이터도 원하는 값을 입력해도 무관하다.

9.1.2 엑셀 셀 조회/변경(ExcelCellValue) 명령어 선언 방법 – 명령어 선언

① 예제에서 사용할 명령어를 선언하기 위해 Main을 우클릭하여 명령어 목록을 확인한다.

② 확인한 명령어 목록 중 엑셀을 클릭하여 엑셀 명령어 목록을 확인한다. 확인한 명령어 목록 중 셀 조회/변경을 클릭한다.

9.1.3 엑셀 셀 조회/변경(ExcelCellValue) 명령어 선언 방법 – 명령어 속성

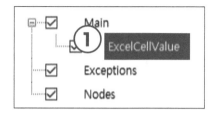

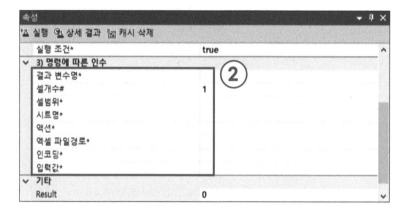

① 선언된 셀 조회/변경(ExcelCellValue) 명령어를 확인한다.

② 셀 조회/변경(ExcelCellValue) 명령어에는 다양한 인수값이 입력된다. 주로 결과
변수명, 셀 범위, 시트 명, 액션, 엑셀 파일 경로, 입력값이 사용된다.

9.1.4 엑셀 셀 조회/변경(ExcelCellValue) 선언 방법 – 명령어 설정

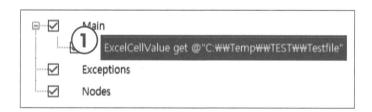

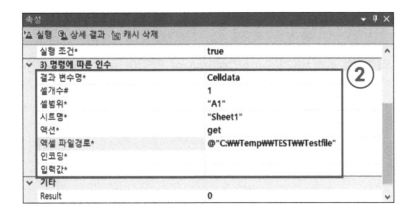

① 선언된 셀 조회/변경(ExcelCellValue) 명령어의 인수값을 입력해 보자.

② 결과 변수명은 사용자가 임의로 지정하여도 무관하다. 셀 개수는 1, 셀 범위는 데이터가 들어 있는 셀 'A1', 시트명은 데이터가 입력되어 있는 시트의 시트명, 액션은 get 엑셀 파일 경로는 엑셀 파일이 있는 경로를 입력해야 한다. 엑셀 파일 경로를 입력할 때에는 C# 코드에서 경로를 입력할 때와 양식이 같다.

9.1.5 엑셀 셀 조회/변경(ExcelCellValue) 선언 방법 - 실행 결과

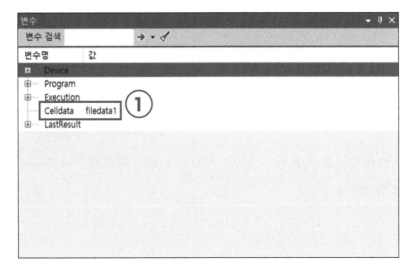

① 엑셀 셀 조회/변경(ExcelCellValue) 명령어 예제 실행 결과이다.

② 엑셀 셀 조회/변경(ExcelCellValue) 명령어가 입력된 Excel 파일에서 지정된 셀의 값을 가져와 입력된 변수명으로 저장한 것을 확인할 수 있다.

9.2 엑셀 셀 조회/변경(ExcelCellValue) 명령어 응용 예제

9.2.1 엑셀 셀 조회/변경(ExcelCellValue) 명령어 응용 예제 – 변수 선언

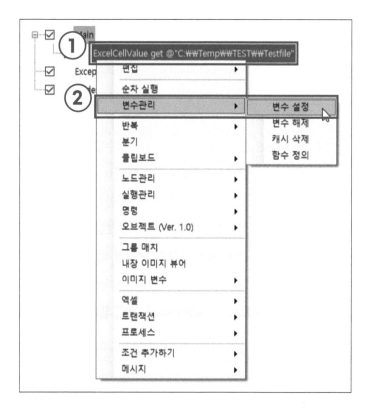

① 이번 예제에서는 이전 예제에서 사용한 스크립트를 그대로 사용해도 무관하다.
먼저 엑셀 셀 조회/변경(ExcelCellValue) 명령어를 우클릭하여 명령어 목록을 확
인한다.

② 확인한 명령어 목록 중 변수 관리를 클릭한다. 변수 관리 명령어 목록 중 변수 설
정을 클릭한다.

9.2.2 엑셀 셀 조회/변경(ExcelCellValue) 명령어 응용 예제 – 변수 복사

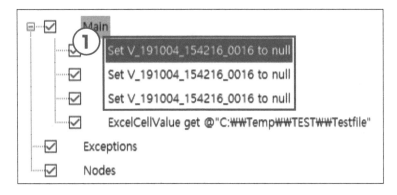

① 선언한 변수를 Ctrl + C, Ctrl + V를 사용해 복사, 붙여넣기를 사용하여 변수를 3 개 선언한다.

9.2.3 엑셀 셀 조회/변경(ExcelCellValue) 명령어 응용 예제 – 변수 설정

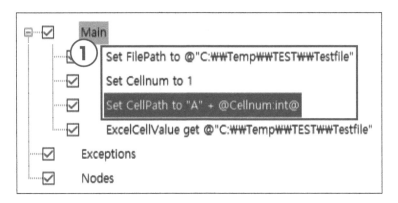

① 선언한 변수에 인수값을 입력한다. 변수명은 사용자가 임의로 지정해도 무관하 다. 정의는 다음과 같이 입력하도록 한다.

② 첫 번째 변수는 Excel 파일 위치와 string 형식을 입력한다.

③ 두 번째 변수는 1 값에 int 형식을 입력한다.

④ 세 번째 변수는 "A" + @두 번째 변수명:int@ 값에 string 형식을 입력하도록 하자.

9.2.4 엑셀 셀 조회/변경(ExcelCellValue) 명령어 응용 예제
– 명령어 설정

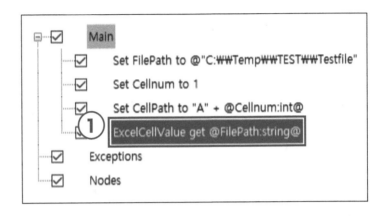

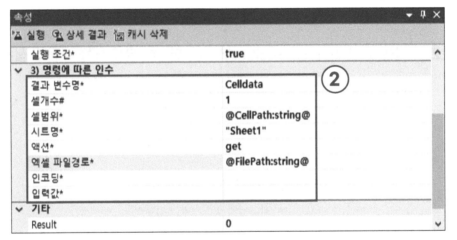

① 미리 선언한 엑셀 셀 조회/변경(ExcelCellValue) 명령어의 값을 다음과 같이 입력해 보자.

② 셀 범위를 @세 번째 변수명:string@, 엑셀 파일 경로를 @첫 번째 변수명:string@으로 입력한다.

9.2.5 엑셀 셀 조회/변경(ExcelCellValue) 명령어 응용 예제 – 실행 결과

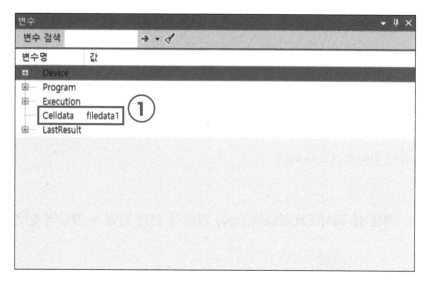

① 엑셀 셀 조회/변경(ExcelCellValue) 명령어의 예제 실행 결과이다.

② 엑셀 셀 조회/변경(ExcelCellValue) 명령어가 입력된 Excel 파일에서 지정된 셀의 값을 가져와 입력된 변수명으로 저장한 것을 확인할 수 있다.

③ 이번 예제를 통해 셀 조회/변경(ExcelCellValue) 명령어에 변수를 활용하는 것이 가능하다는 것을 알 수 있다.

액션	기능
get	지정된 하나의 셀을 조회
geth	지정된 셀을 기준으로 우측으로 이동하면서 다수의 셀을 조회
getv	지정된 셀을 기준으로 하단으로 이동하면서 여러 개의 셀을 조회
getm	지성된 다수의 셀을 정확히 선택하여 조회
set	지정된 하나의 셀을 변경
seth	지정된 셀을 기준으로 우측으로 이동하면서 다수의 셀을 변경
setv	지정된 셀을 기준으로 하단으로 이동하면서 여러 개의 셀을 변경
setm	지정된 다수의 셀을 정확히 선택하여 변경
getLastPostion	결과 변수명에 표 형식의 하단, 우측 끝 위치의 셀 주소를 가져옴

9.3 엑셀 셀 복사(ExcelCellcopy) 명령어 설정

엑셀 셀 복사 명령어는 조건으로 정해진 엑셀 파일의 원하는 시트의 셀로부터 데이터를 가져와 지정된 시트의 원하는 셀로 붙여 넣는 기능을 한다.

명령어가 백그라운드로 동작해서 화면상에 보이지 않지만 엑셀을 사용하기 때문에 사용 중인 엑셀을 종료하고 실행해야 한다.

다음 예제를 통해 엑셀 셀 복사 명령어인 ExcelCellcopy 명령어를 선언하고 예제를 수행하여 익숙해지도록 하자.

9.3.1 엑셀 셀 복사(ExcelCellcopy) 명령어 선언 방법 – 명령어 선언

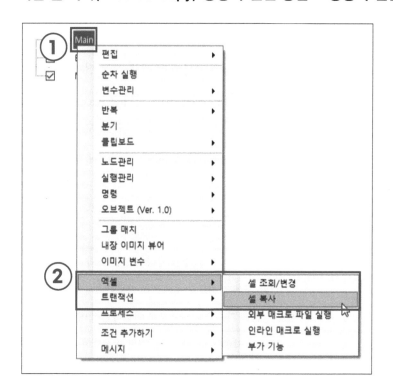

① 이번 예제에서 사용할 명령어를 선언하기 위해 먼저 Main을 우클릭하여 명령어 목록을 확인한다.

② 확인한 명령어 목록 중 엑셀을 클릭하여 엑셀 명령어 목록을 확인한다.

③ 확인한 명령어 목록 중 셀 복사를 클릭하여 변수를 선언한다.

9.3.2 엑셀 셀 복사(ExcelCellcopy) 명령어 선언 방법 – 명령어 속성

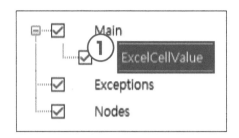

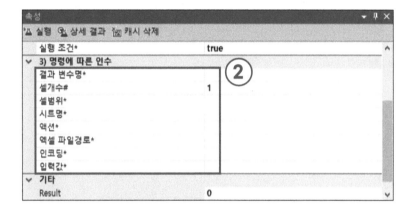

① 선언된 셀 복사(ExcelCellcopy) 명령어를 확인한다.

② 셀 복사(ExcelCellcopy) 명령어에는 복사 대상 시작 셀, 복사 대상 시트명, 셀 범위, 시트명, 액션, 액셀 파일 경로가 입력된다.

9.3.3 엑셀 셀 복사(ExcelCellcopy) 명령어 선언 방법 – 명령어 설정

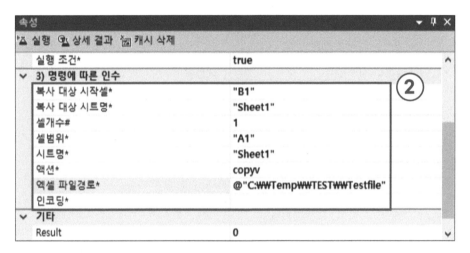

① 선언한 셀 복사(ExcelCellcopy) 명령어에 값을 입력한다.

② 복사 대상 시작 셀은 'B1', 복사 대상 시트명은 'Sheet1', 셀 개수는 1, 셀 범위는
'A1' 시트명은 'Sheet1', 액션은 copyv, 엑셀 파일 경로는 예제용 엑셀 파일이 있
는 파일 주소를 입력한다.

9.3.4 엑셀 셀 복사(ExcelCellcopy) 명령어 선언 방법 – 실행 결과

① 엑셀 셀 복사(ExcelCellcopy) 명령어의 실행 결과이다.

② 엑셀 셀 복사(ExcelCellcopy) 명령어가 입력된 Excel 파일에서 복사 대상 시작 셀
로 입력된 셀 범위로 입력된 셀의 값을 입력된 액션인 copyv를 한 예제이다.

9.4 엑셀 셀 복사(ExcelCellcopy) 명령어 응용 예제

9.4.1 엑셀 셀 복사(ExcelCellcopy) 명령어 응용 예제 – 변수 선언

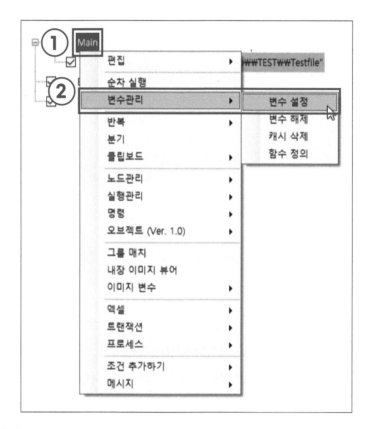

① 이번 예제는 이전 예제에서 사용한 스크립트를 그대로 사용해도 무관하다. 먼저 Main을 우클릭하여 명령어 목록을 확인한다.

② 확인한 명령어 목록 중 변수 관리를 클릭한다. 변수 관리 명령어 목록 중 변수 설정을 클릭한다.

9.4.2 엑셀 셀 복사(ExcelCellcopy) 명령어 응용 예제 – 변수 복사

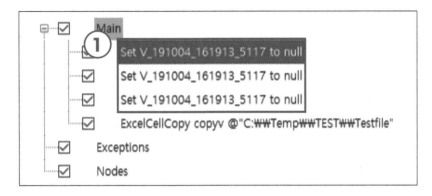

① 선언한 변수를 Ctrl + C, Ctrl + V를 사용해 복사, 붙여넣기를 사용하여 3개의 변수를 선언한다.

9.4.3 엑셀 셀 복사(ExcelCellcopy) 명령어 응용 예제 – 변수 설정

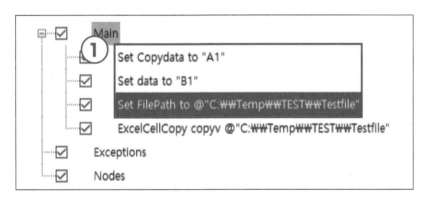

① 선언한 변수에 정의를 입력하도록 하자. 변수명은 사용자가 임의로 지정하여도 무관하다.

② 첫 번째 변수는 정의를 'A1', 형식은 string으로 선언한다.

③ 두 번째 변수는 정의를 'B1', 형식은 string으로 선언한다.

④ 세 번째 변수는 정의를 엑셀 파일의 주솟값을, 형식은 string으로 선언한다.

9.4.4 엑셀 셀 복사(ExcelCellcopy) 명령어 응용 예제 – 명령어 설정

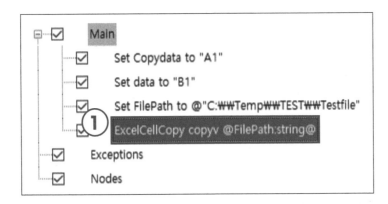

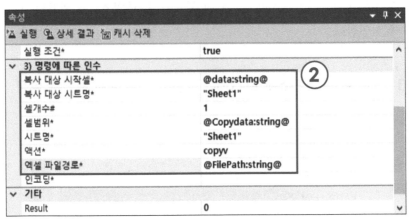

① 미리 선언한 셀 복사(ExcelCellcopy)의 정의를 다음과 같이 입력한다.

② 복사 대상 시작 셀을 @해당 변수명:string@으로, 셀 범위를 @해당 변수명:string@으로, 엑셀 파일 경로를 @해당 변수명:string@으로 입력한다.

9.4.5 엑셀 셀 복사(ExcelCellcopy) 명령어 응용 예제 – 실행 결과

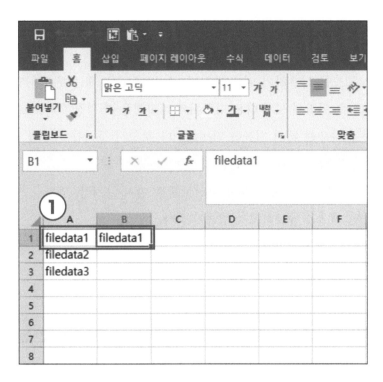

① 엑셀 셀 복사(ExcelCellcopy) 명령어의 예제 실행 결과이다.

② 엑셀 셀 복사(ExcelCellcopy) 명령어가 입력된 Excel 파일에서 복사 대상 시작
   셀로 입력된 셀에 셀 범위로 입력된 셀의 값이 입력된 액션인 copyv를 한 예제
   이다.

③ 변수 활용이 가능하다는 것을 알 수 있는 예제이다.

9.5 엑셀 인라인 매크로 실행(ExcelMacroline) 명령어 설정

엑셀 인라인 매크로 명령어는 조건으로 정해진 엑셀 파일의 원하는 시트에 입력된 VBA 소스 코드를 실행하는 명령어이다.

VBA 소스 코드를 사용하기 때문에 입력되는 소스 코드에는 문제가 없어야 정상 동작이 가능하며, 동작 속도가 다른 명령어와 비교했을 때 굉장히 빠르고 정확하다.

주로 피벗을 사용해 통계 지표를 작성하거나 보고서 문서를 작성할 때, 결과 보고를 완성하는 등 마무리 레포팅 업무에서 주로 사용된다.

명령어가 백그라운드로 동작해서 화면상에 보이지 않지만, 엑셀을 사용하기 때문에 사용 중인 엑셀을 종료하고 실행해야 한다.

다음 예제를 통해 엑셀 인라인 매크로 실행 명령어인 ExcelMacroline 명령어를 선언하고 예제를 수행하여 익숙해지도록 하자.

9.5.1 엑셀 인라인 매크로 실행(ExcelMacroline) 명령어 선언 방법 – 명령어 선언

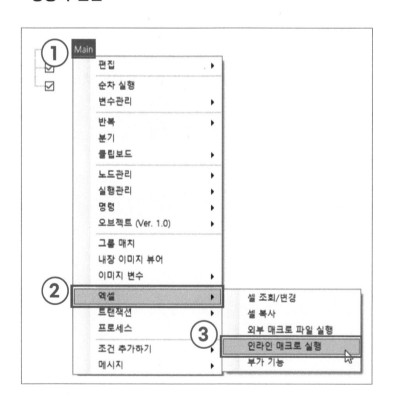

① 명령어를 선언하기 위해 먼저 Main을 우클릭하여 명령어 목록을 확인한다.

② 확인한 명령어 목록 중 엑셀을 클릭한다.

③ 엑셀 명령어 목록 중 셀 복사를 클릭하여 인라인 매크로 실행(ExcelMacroline) 명령어를 선언한다.

9.5.2 엑셀 인라인 매크로 실행(ExcelMacroline) 명령어 선언 방법 – 명령어 속성

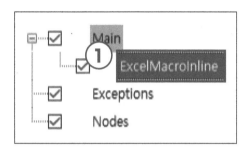

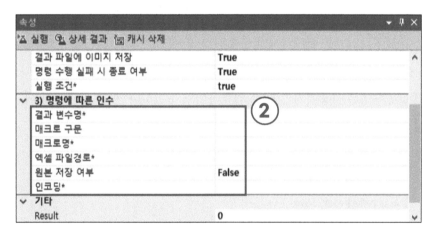

① 선언한 인라인 매크로 실행(ExcelMacroline) 명령어를 확인한다.

② 인라인 매크로 실행(ExcelMacroline) 명령어에는 결과 변수명, 매크로 구문, 매크로명, 엑셀 파일 경로 인수값이 입력된다.

9.5.3 엑셀 인라인 매크로 실행(ExcelMacroline) 명령어 선언 방법
– 명령어 설정

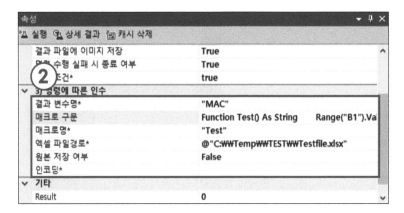

① 선언한 인라인 매크로 실행(ExcelMacroline) 명령어의 입력값을 입력한다.

② 결과 변수명은 사용자가 임의로 입력하여도 무관하다. 매크로 구문은 다음과 같이 선언한다.

```
Function Test() As string
    Range("B1").Value = "Data"
    ActiveWorkvook.Save
End Function}
```

④ RPA에서는 VBA 코드를 이용할 수 있다. VBA 코드를 이용할 때에는 인라인 매크로 변수를 선언하여 사용해야 하며 중괄호는 필요 없다. Function으로 선언해야 하며, 내부 소스 매크로명은 인라인 매크로 변수의 매크로명과 일치해야 한다. 파일 경로는 해당 매크로가 실행될 예제 Excel 파일이 있는 주솟값을 입력한다.

9.5.4 엑셀 인라인 매크로 실행(ExcelMacroline) 명령어 선언 방법
  – 실행 결과

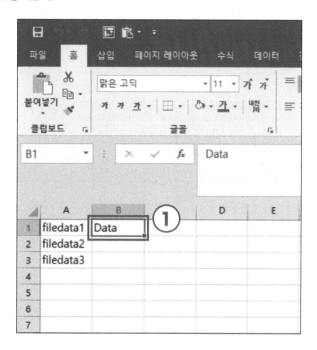

① 인라인 매크로 실행(ExcelMacroline) 명령어의 실행 결과이다.

② 매크로로 정의한 코드가 제대로 실행된 결과를 확인할 수 있다.

9.6 엑셀 인라인 매크로 실행(ExcelMacroline) 명령어 응용 예제

9.6.1 엑셀 인라인 매크로 실행(ExcelMacroline) 명령어 응용 예제 1 – 변수 선언

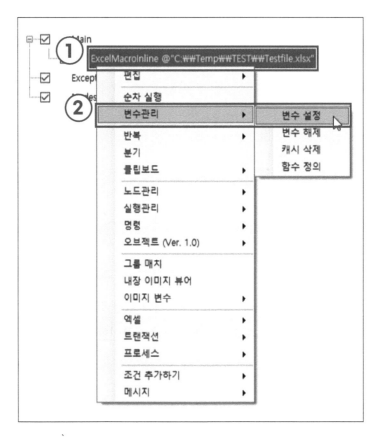

① 이번 예제는 이전 예제에서 사용한 스크립트를 그대로 사용해도 무관하다. 먼저 Main을 우클릭하여 명령어 목록을 확인한다.

② 확인한 명령어 목록 중 변수 관리를 클릭한다. 변수 관리 명령어 목록 중 변수 설정을 클릭한다.

9.6.2 엑셀 인라인 매크로 실행(ExcelMacroline) 명령어 응용 예제 1 − 변수 설정

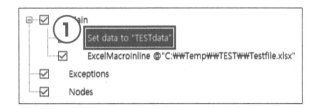

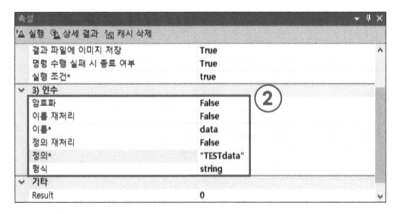

① 선언된 변수의 정의를 입력한다.

② 변수명은 사용자가 임의로 입력해도 무관하다. 정의는 임의의 문자열 값을, 형식은 string을 입력한다.

9.6.3 엑셀 인라인 매크로 실행(ExcelMacroline) 명령어 응용 예제 1
   – 명령어 설정

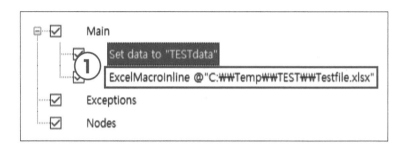

① 선언한 인라인 매크로 실행(ExcelMacroline) 명령어에 정의를 입력한다.

② 결과 변수명은 사용자가 임의로 정의해도 무관하다. 매크로 구문은 다음과 같이
   입력한다.

```
Function Test() As String
    Range( "B1" ).Value = @data:string@
    ActiveWorkbook.Save
End Function
```

9.6.4 엑셀 인라인 매크로 실행(ExcelMacroline) 명령어 응용 예제 1
   – 실행 결과

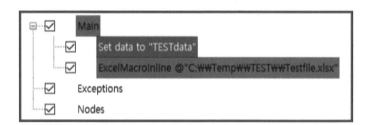

① 엑셀 인라인 매크로 실행(ExcelMacroline) 응용 예제 실행 결과이다. 이전 단계
   와 같이 매크로 구문을 입력하여 실행하면 오류가 발생한다.

② 오류가 발생한 이유는 VBA 코드에서는 RPA에서 선언한 변수를 대입하여 사용
   할 수가 없기 때문이다.

③ RPA에서 C#과 VBA가 가지는 차이점이기도 하다.

④ 만약 어쩔 수 없이 RPA에서 선언한 변수를 사용해야 할 때에는 어떻게 해야 할
   까? 다음 예제를 따라 진행해 보자.

9.6.5 엑셀 인라인 매크로 실행(ExcelMacroline) 명령어 응용 예제 2
– 셀 조회 명령어 선언

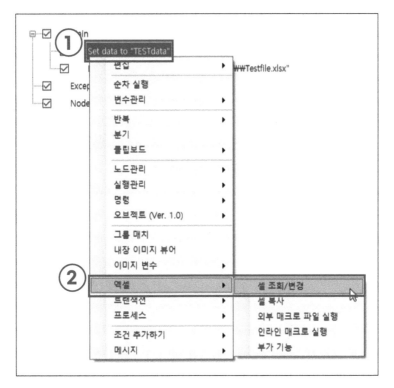

① 먼저 이전 예제에서 선언한 변수를 우클릭하여 명령어 목록을 확인한다.

② 확인한 명령어 목록 중 엑셀을 클릭한다. 엑셀 명령어 목록 중 셀 조회/복사를
클릭하여 셀 조회/변경(ExcelCellValue) 명령어를 선언한다.

9.6.6 엑셀 인라인 매크로 실행(ExcelMacroline) 명령어 응용 예제 2
– 셀 조회 명령어 설정

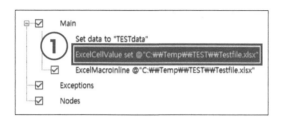

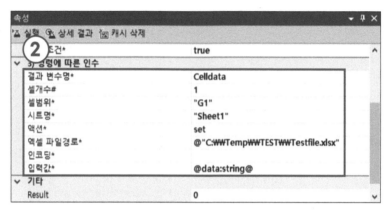

① 선언된 셀 조회/변경(ExcelCellValue) 명령어의 정의를 입력해 보자.

② 결과 변수명과 정의는 사용자가 원하는 대로 입력해도 무관하다. 셀 범위는
‘G1’, 시트명은 ‘Sheet1’, 액션은 set, 엑셀 파일 경로는 예제에서 사용할 Excel 파
일의 위칫값을 입력한다. 추가로 입력값에는 @변수명:string@의 형태로 미리 선
언한 변수를 입력한다.

9.6.7 엑셀 인라인 매크로 실행(ExcelMacroline) 명령어 응용 예제 2
– 명령어 설정

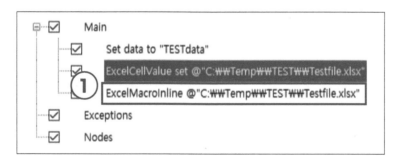

① 선언된 인라인 매크로 실행(ExcelMacroline) 변수의 값을 다음과 같이 정의한다.

```
Function Text() As String
    Dim getdata
    getdata = Range("G1").Value
    Range("B1").Value = getdata
    ActiveWorkbook.Save
End Function
```

9.6.8 엑셀 인라인 매크로 실행(ExcelMacroline) 명령어 응용 예제 2 – 실행 결과

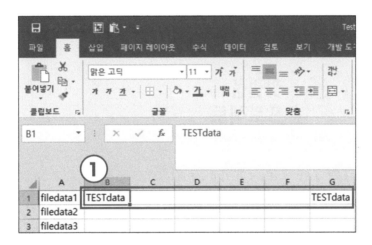

① 엑셀 인라인 매크로 실행(ExcelMacroline) 응용 예제의 실행 결과이다. 매크로로 정의한 코드가 제대로 실행된 결과를 확인할 수 있다.

② 변수를 활용하는 방법은 다음과 같다. RPA에서 셀 조회/변경(ExcelCellValue) 명령어를 이용해 엑셀 데이터에 영향을 주지 않는 셀에 변수 데이터를 입력한다. 입력된 변수 데이터 셀을 매크로 내부에서 선언한 변수에 대입한다. 대입된 변수를 매크로를 사용해 VBA 코드 내부에서 사용하면 된다.

업무 자동화
RPA 첫걸음 프로젝트

| 2023년 9월 20일 | 1판 | 1쇄 | 인 쇄 |
| 2023년 9월 25일 | 1판 | 1쇄 | 발 행 |

지 은 이 : 한익섭·전원구 공저
펴 낸 이 : 박　　　정　　　태
펴 낸 곳 : **광　　　문　　　각**

10881
파주시 파주출판문화도시 광인사길 161
광문각 B/D 4층
등　　　록 : 1991. 5. 31 제12-484호
전　화(代) : 031-955-8787
팩　　　스 : 031-955-3730
E - mail : kwangmk7@hanmail.net
홈페이지 : www.kwangmoonkag.co.kr

ISBN : 978-89-7093-047-3　93560

값 : 19,000원

한국과학기술출판협회
Korean Science & Technology Publisher Association

※ 교재와 관련된 자료는 광문각 홈페이지(www.kwangmoonkag.com) 자료실에서 다운로드 할 수 있습니다.